Dustin Büttner

Elektronik aus dem Laserdrucker

Studie zur Nutzbarkeit der Elektrofotografie
zum Druck leitfähiger Strukturen

Büttner, Dustin: Elektronik aus dem Laserdrucker: Studie zur Nutzbarkeit der Elektrofotografie zum Druck leitfähiger Strukturen, Hamburg, disserta Verlag, 2013

Buch-ISBN: 978-3-95425-196-4
PDF-eBook-ISBN: 978-3-95425-197-1
Druck/Herstellung: disserta Verlag, Hamburg, 2013
Covermotiv: © Uladzimir Bakunovich – Fotolia.com

Bibliografische Information der Deutschen Nationalbibliothek:
Die Deutsche Nationalbibliothek verzeichnet diese Publikation in der Deutschen Nationalbibliografie; detaillierte bibliografische Daten sind im Internet über http://dnb.d-nb.de abrufbar.

Das Werk einschließlich aller seiner Teile ist urheberrechtlich geschützt. Jede Verwertung außerhalb der Grenzen des Urheberrechtsgesetzes ist ohne Zustimmung des Verlages unzulässig und strafbar. Dies gilt insbesondere für Vervielfältigungen, Übersetzungen, Mikroverfilmungen und die Einspeicherung und Bearbeitung in elektronischen Systemen.

Die Wiedergabe von Gebrauchsnamen, Handelsnamen, Warenbezeichnungen usw. in diesem Werk berechtigt auch ohne besondere Kennzeichnung nicht zu der Annahme, dass solche Namen im Sinne der Warenzeichen- und Markenschutz-Gesetzgebung als frei zu betrachten wären und daher von jedermann benutzt werden dürften.

Die Informationen in diesem Werk wurden mit Sorgfalt erarbeitet. Dennoch können Fehler nicht vollständig ausgeschlossen werden und die Diplomica Verlag GmbH, die Autoren oder Übersetzer übernehmen keine juristische Verantwortung oder irgendeine Haftung für evtl. verbliebene fehlerhafte Angaben und deren Folgen.

Alle Rechte vorbehalten

© disserta Verlag, Imprint der Diplomica Verlag GmbH
Hermannstal 119k, 22119 Hamburg
http://www.disserta-verlag.de, Hamburg 2013
Printed in Germany

Vorwort

Betrachtet man die Forschungsarbeiten im Bereich des funktionalen Drucks während des letzten Jahrzehnts, lässt sich erkennen, dass das Bedürfnis zur Ablösung der vorherrschenden Druckverfahren durch digitale groß ist. Inkjet schreitet in vielen Bereichen voran und hat bereits eine beachtliche Leistungsfähigkeit erreicht, insbesondere beim Druck von Elektronik. Umso verwunderlicher erscheint es, dass die Elektrofotografie, besser bekannt als Laserdruck, bei der Betrachtung alternativer Druckverfahren sehr stiefmütterlich behandelt wird. Dies ist durchaus beachtenswert wenn man bedenkt, wie groß der Anteil elektrofotografischer Drucker im Office-Bereich, aber auch im Hochleistungsbereich des grafischen Drucks etwa beim Druck von Zeitungen oder auch dieses Buches ist.

Betrachtet man den dahinterstehenden Prozess, ist dies allerdings bereits etwas weniger verwunderlich. Die Elektrofotografie ist ein komplexer Vorgang, der weltweit nur von einer Handvoll Firmen auf höchstem Niveau beherrscht wird. Der Einstiegswiderstand ist somit enorm und es stehen wesentlich praktikablere Ansätze zum funktionalen Druck zu Verfügung. Hinzu kommt beim Druck von leitfähigen Strukturen, dass die Physik des Prozesses im Widerspruch zur notwendigen Leitfähigkeit der zu verdruckenden Partikeln steht (wie im Laufe dieses Buches ebenfalls erklärt wird). Allerdings denke ich persönlich, dass dies noch nicht die ganze Wahrheit ist. Im Laufe meiner Forschungen stieß ich immer wieder an Punkte, an denen sich zeigte, dass auch die Psychologie eine entscheidende Rolle spielt. Verfahren wie Inkjet sind einfach „näher" an bereits bestehenden Verfahren und die notwendigen Forschungen betrachten ähnliche Herausforderungen. Im Gegensatz dazu ist die Elektrofotografie ein völlig neuer Prozess, bei dem andere, unbekannte Sachverhalte eine Rolle spielen.

Es ist nachvollziehbar, dass dadurch die Hemmschwelle für einen Einstieg in die Technologie recht hoch ist, vor allem da ein höheres Risiko für den Erfolg der Forschungen besteht. Nichtsdestotrotz bietet die Elektrofotografie einige erhebliche Vorteile. Es ist ein trockenes Verfahren, so dass auf den oft problematischen Einsatz von Lösungsmitteln verzichtet werden kann und die generelle Leistungsfähigkeit der Elektrofotografie zeigt sich bereits bei grafischen Anwendungen. Ich hoffe, dass dieses Buch somit einen Beitrag leisten kann, die bestehenden Hürden zu überwinden, natürlich mit Schwerpunkt auf den physikalischen. Dadurch stünde eine nützliche Alternative im funktionellen Digitaldruck zur Verfügung.

Natürlich habe ich die präsentierten Erkenntnisse nicht gänzlich allein erreicht. Mein persönlicher Dank gilt Herrn Prof. Dr.-Ing. Klaus Krüger, Herrn Beat Zobrist, der CTG PrinTEC GmbH und meinen Kollegen an der Helmut-Schmidt-Universität, ohne dieses Buch nie entstanden wäre.

Berlin, im April 2013

Inhaltsverzeichnis

Vorwort 7

Inhaltsverzeichnis 9

Abkürzungsverzeichnis 12

Symbolverzeichnis 13

1 Einleitung 15
   1.1 Thematische Hinführung 15
   1.2 Zielsetzung und Struktur 16

2 Elektrofotografie und funktioneller Digitaldruck 19
   2.1 Grundlagen der Elektrofotografie 19
      2.1.1 Laden des Fotoleiters 20
      2.1.2 Belichtung 21
      2.1.3 Entwicklung 22
      2.1.4 Transfer 23
      2.1.5 Fixierung 23
   2.2 Tonerdesign und -charakterisierung 24
      2.2.1 Komponenten / Inhaltsstoffe 25
      2.2.2 Tonerherstellung 25
      2.2.3 Triboelektrische Aufladung 26
      2.2.4 Charakterisierung des Toners 29
   2.3 Anwendungsfelder des funktionalen Digitaldruckes 31

3 Herstellung und Charakterisierung von Silbertoner 39
   3.1 Grundsätzliche Herausforderung und vorbereitende Studien 39
      3.1.1 Anforderungsprofil und Problemstellung 39
      3.1.2 Verwendete Silberpartikel 40
      3.1.3 Tonerstudien 40
   3.2 Modifizierter Herstellungsprozess 43
      3.2.1 Dispergierung mit dem Dreiwalzenstuhl 43
      3.2.2 Vertonerung 46
      3.2.3 Beschreibung der Silbertoner 46
   3.3 Prozessbegleitende Charakterisierung 50
      3.3.1 Rasterelektronenmikroskop 50
      3.3.2 Untersuchung der elektrischen Eigenschaften von Silberpasten 51

3.3.3 Untersuchung der elektrischen Eigenschaften von Silberpillen 56
3.4 Fazit 58

4 Evaluierung von Druckergebnissen **61**
4.1 Bildanalyse 61
    4.1.1 Visuelle Bewertung geometrischer Eigenschaften 61
    4.1.2 Digitale Bildanalyse 61
4.2 Strukturanalyse mit dem Weißlichtinterferometer 63
4.3 Gravimetrische Messung 65
4.4 Flächenwiderstand 66
4.5 Fazit 67

5 Elektrofotografisch gedruckte Silberleiterbahnen **69**
5.1 Beschreibung des Versuchsdruckers 69
    5.1.1 Drucker in Konfiguration A 70
    5.1.2 Drucker in Konfiguration B 71
5.2 Untersuchungen des Tonertransfers 73
    5.2.1 Untersuchung des Transfers in Konfiguration A 73
    5.2.2 Untersuchung transferrelevanter Eigenschaften von Grüntape 75
    5.2.3 Untersuchung des Transfers in Konfiguration B 78
    5.2.4 Einfluss der Druckparameter 81
    5.2.5 Mehrfachdruck 85
    5.2.6 Transferverbesserung durch Oberflächenbehandlung des Substrats 91
5.3 Verarbeitung/Sintern der Substrate 92
    5.3.1 Postfiring 93
    5.3.2 Cofiring 95
5.4 Druckergebnisse der entwickelten Silbertoner 97
    5.4.1 Ergebnisse Toner C01 97
    5.4.2 Ergebnisse Toner C02 98
    5.4.3 Ergebnisse Toner C03 100
    5.4.4 Ergebnisse Toner C04 103
    5.4.5 Bewerteter Vergleich 105
5.5 Anwendungsbeispiele zur Beurteilung der Leistungsfähigkeit 108
    5.5.1 RFID-Antennen 108
    5.5.2 Leistungsfähigkeit von Silberleiterbahnen 111
5.6 Fazit 114

6 Potenzialanalyse **117**
6.1 Potenziale der industriellen Entwicklung 117
6.2 Technologische Potenziale 118
6.3 Anwendungspotenziale 120

7	Zusammenfassung und Ausblick	123
8	Literaturverzeichnis	127
9	Anhang	133
	9.1 Sinterprofile	133
	9.2 Veröffentlichungen des Verfassers	136

Abkürzungsverzeichnis

A/D		analog/digital
CAD	charged area development	Hellschreiben
CCA	charge control agents	Ladungssteuerstoffe
D/A		digital/analog
DAD	discharged area development	Dunkelschreiben
DEGBE		Diethylenglykoldibutylether
dpi	dots per inch	Bildpunkte pro Zoll
EP	electrophotography	Elektrofotografie
Gew.-%		Gewichtsprozent
HSU		Helmut-Schmidt-Universität
IfA		Institut für Automatisierungstechnik
LED	light-emitting diode	Leuchtdiode
LTCC	low temperature cofired ceramics	Niedertemperatur-Einbrand-Keramiken
OPC	organic photoconductor	Organischer Fotoleiter
PCB	printed circuit board	gedruckte Schaltung
REM		Rasterelektronenmikroskop
RFID	radio-frequency identification	Identifizierung anhand elektromagnetischer Wellen
SD	standard deviation	Standardabweichung
USB	universal serial bus	universeller serieller Bus
ZEAC		Zobrist Engineering and Consulting

Symbolverzeichnis

Griechische Formelzeichen

γ	Rate der triboelektrischen Ladung
Δ_{90}	Spanne, in der sich 90 % der Messwerte des q-Test befinden
ε	Permittivität
ε_0	Dielektrizitätskonstante des Vakuums
ε_r	stoffspezifische Permittivität
Φ	elektrisches Potenzial

Lateinische Formelzeichen Großbuchstaben

A	Fläche
A'	charakteristische Konstante für elektrostatischen und physischen Eigenschaften des Entwicklergemisches
C	Kapazität
C	Tonerkonzentration im Entwicklergemisch
C_0	Konstanten für physische Eigenschaften des Entwicklergemisches
D_{50}	maximaler Durchmesser von 50 % der Partikel eines Pulvers
D_{90}	maximaler Durchmesser von 90 % der Partikel eines Pulvers
E	Elektrische Feldstärke
F	Kraft
L	Induktivität
R	elektrischer Widerstand
R	Reflexionsfaktor
R^2	Bestimmtheitsmaß (Statistik)
U	Spannung / Potenzial
U_C	Koronaspannung
Q	Ladung
Q	Gütefaktor

Lateinische Formelzeichen Kleinbuchstaben

b	Breite
d	Durchmesser/Abstand
d	Optische Dichte
f	Frequenz
l	Länge
m	Masse
n	Stichprobe (Anzahl der Messungen pro Messwert)
q	Ladung
t	Zeit

Indizes

P   Messung mit dem Modell einer Parallelschaltung
max maximal
sq Fläche

1 Einleitung

1.1 Thematische Hinführung

"[...], Universalrechner haben jede andere Vorrichtung in unserer Welt ersetzt. Es gibt keine Flugzeuge mehr, nur noch fliegende Computer. Es gibt keine Autos mehr, nur noch Computer in denen wir sitzen. Es gibt keine Hörgeräte mehr, nur noch Computer, die wir in unsere Ohren stecken. Es gibt keine 3D-Drucker mehr, nur noch Computer, die Peripheriegeräte ansteuern. Es gibt keine Radios mehr, nur noch Computer mit schnellen A/D- und D/A-Wandlern sowie Phased-Array-Antennen." [Doctorow 11]

Dieser vielzitierte Auszug aus dem Vortrag des kanadischen Autors Cory Doctorow auf dem *28. Chaos Communication Congress* des mittlerweile weltweit renommierten Chaos Computer Clubs, das zu Herausforderungen der IT-Sicherheit überleitet, verdeutlicht sehr anschaulich, welchen Stellenwert moderne Elektronik in unserer Gesellschaft eingenommen hat. Wo früher noch analoge Steuerungen vorherrschten, steuern und regeln heute meist zentral kontrollierte, moderne elektronische Schaltungen nahezu jegliches technische Gerät. Umso verwunderlicher ist es, dass bei der Herstellung dieser Schaltungen z. T. noch auf Produktionsmethoden aus der Mitte des letzten Jahrhunderts zurückgegriffen wird.

Die von Doctorow gewählten Beispiele der „Computer, in denen wir sitzen" sowie des „fliegenden Computers" zeugen vom hohen Anteil von Elektronik im Fahrzeug- und Flugzeugbau. Bei den dort herrschenden Bedingungen, die oft hohe mechanische sowie thermische Belastungen für die Bauteile bedeuten, werden elektronische Schaltungen oftmals in Form sog. Mikrohybride realisiert. Dabei handelt es sich um gedruckte elektronische Schaltungen auf einem Keramiksubstrat, die der Dickschichttechnologie zugeordnet werden können. Deren Definition in der DIN 41848 aus dem Jahre 1984 lautet: „Integrierte Schichtschaltungen, bei denen die Schichten vorzugsweise im Siebdruckverfahren auf keramische Träger aufgebracht und anschließend eingebrannt werden" [Reichl 88]. Auch neuere Lehrbücher lassen keinen Zweifel daran, dass der Siebdruck die vorherrschenden Produktionsmethode für Dickschichtschaltungen ist [Pitt 05]. Es erscheint wie ein Anachronismus, dass im digitalen Zeitalter, während der Digitaldruck voranschreitet, ausgerechnet elektronischen Schaltungen mit einem Sieb als Schablone gedruckt werden.

Dabei wurde in den letzten Jahren durchaus mit großem Aufwand versucht, digitale Drucktechniken als Ersatz oder Ergänzung des Siebdruckes zu etablieren. Hauptsächlich wurde dabei der Inkjet-Druck untersucht. Exemplarisch seien hier die im Bereich der Dickschichttechnik veröffentlichten Arbeiten zum Inkjet-Druckprozess [Cibis 09], zur Optimierung von Partikeltinten [Currle 10] oder zum Druck passiver elektronischer Dickschichtbauelemente [Waßmer 11] genannt; allerdings wird generell im Bereich der gedruckten Elektronik Inkjet als Produktionsmethode erforscht [Li 07], auch im Vergleich zu weiteren digitalen Methoden [Hon 08].

Dabei gewinnt man den Eindruck, dass der Inkjet-Druck, aus Sicht des Siebdruckes, dessen logische Weiterentwicklung ist. Der Entwicklung von in Pasten dispergierten, funktionellen Partikeln hin zu deren Dispergierung in Tinten erscheint als folgerichtiger Schritt, der hier nicht in Frage gestellt werden soll. Wesentlich interessanter ist die Fragestellung, warum die neben dem Tintenstrahldruck ebenfalls etablierte Elektrofotografie (EP – *electrophotography*) nicht als Alternative zum Druck elektronischer Schaltung zur Verfügung steht. Unter dem umgangssprachlich bekannteren Namen „Laserdruck" ist diese digitale Drucktechnologie weit verbreitet.

Die Technologie verspricht eine Vielzahl von Vorteilen, die unter anderem aus dem Office-Bereich bekannt sind, beispielsweise die hohen möglichen Auflösungen und die hohen Druckgeschwindigkeiten. Aber auch anwendungsspezifische Vorteile sind zu erkennen. So handelt es sich bei der EP um eine komplett trockene Technologie, die ohne Lösungsmittel auskommt. Es erscheint somit folgerichtig, auch diese Druckmethode auf ihre Eignung zum Druck von elektronischen Schaltungen hin zu untersuchen.

1.2 Zielsetzung und Struktur

Damit die Elektrofotografie als Methode zum Druck von Elektronik in Frage kommt, liegt eine wesentliche Herausforderung im Druck leitfähiger Strukturen. Leitfähige Partikel wie Silber oder Kupfer in einem elektrofotografischen Prozess stehen im Widerspruch zu dessen Funktionsprinzipien; aufgrund seiner physikalischen Prinzipien ist der Prozess grundsätzlich nur mit isolierenden Stoffen durchführbar. Im Rahmen der Dickschichttechnik liegt das Hauptaugenmerk auf den Layouts aus Silberleiterbahnen; Silber wird Kupfer dabei vorgezogen, da letzteres relativ schnell oxidiert.

Diese Studie untersucht, ob und wie mittels EP leitfähige Strukturen aus Silber auf keramischen Schaltungsträgern hergestellt werden können, welche Voraussetzungen dafür notwendig sind und wie der Prozess dazu modifiziert werden muss. Ausgehend von der Überprüfung der grundsätzlichen Machbarkeit gilt es, die Möglichkeiten und Fähigkeiten des Prozesses beim Druck von Leiterbahnen aufzuzeigen. Zielsetzung ist es, mit möglichst wenigen Druckvorgängen – idealerweise nur einem – vollständig leitfähige Strukturen aus Silber zu drucken, die in Form und Zustand den Anforderungen der Dickschichttechnik gerecht werden.

Dabei wird das Augenmerk auf typische Silberleiterbahnen für Mikrohybride gelegt. Hierbei kommen zwei Verfahren zur Anwendung: Im LTCC-Verfahren (*low temperature cofired ceramics*) werden weiche Grüntapes (Glaskeramikfolien) als Substrat genutzt, die im *Cofiring* zusammen mit den Silberbahnen gesintert werden. Alternativ wird auf bereits gebrannte, harte Keramiken aus Aluminiumoxid gedruckt, auf die die Leiterbahnen im sog. *Postfiring*-Verfahren aufgebracht werden.

Da bisher auf diesem Gebiet nur vereinzelte Vorleistungen existieren, ist eine grundlegende Betrachtung des gesamten relevanten Spektrums notwendig, um somit die notwendigen Ansatzpunkte für die Entwicklung der Technologie hin zu einem Fertigungsprozess zu liefern. Dabei ist zu überprüfen, inwieweit die Ergebnisse ausschließlich innerhalb der Dickschichttechnologie anwendbar sind, oder ob diese zumindest teilweise auf andere Anwendungsgebiete gedruckter Elektronik übertragbar sind.

Dazu wird in Kapitel 0 zunächst der elektrofotografische Prozess vorgestellt. Neben dessen grundlegender Funktionsweise wird ein Augenmerk auf die Tonerherstellung und dessen Charakterisierung gelegt, bevor der Stand der Technik auf dem Forschungsgebiet des funktionellen Digitaldrucks mittels EP zusammengefasst wird.

Das nachfolgende Kapitel 0 beschäftigt sich mit der Frage, was die Besonderheiten bei der Herstellung von Silbertoner sind. Nach einer grundlegenden Diskussion wird ein modifizierter Herstellungsprozess vorgestellt und die daraus resultierenden Silbertoner beschrieben. Möglichkeiten zur prozessbegleitenden Charakterisierung werden entwickelt und untersucht. Abgeschlossen wird das Kapitel mit einem Fazit, das die wesentlichen Erkenntnisse zusammenfasst und bewertet.

Anschließend werden in Kapitel 0 Besonderheiten bei der Evaluierung von elektrofotografisch gedruckten Silberleiterbahnen aufgezeigt. Verschiedene Messmethoden werden vorgestellt und auf ihre Eignung untersucht.

Es folgt die Darstellung der erzielten Ergebnisse beim Druck von Silberleiterbahnen in Kapitel 5. Nach einer Beschreibung des Versuchsdruckers werden Untersuchungen zum Transfer des Toners auf das Substrat beschrieben. Dem schließt sich eine kurze Betrachtung des Sinterprozesses von Toner und Substrat an, bevor die Ergebnisse der einzelnen, entwickelten Versuchstoner gezeigt, verglichen und bewertet werden. Die dabei gewonnenen Erkenntnisse fließen in einige nachfolgend beschriebene Anwendungsbeispiele ein, die zur Beurteilung der Fähigkeiten des Prozesses dienen sollen. Ein abschließendes Fazit gibt die zahlreichen Erkenntnisse kurz wieder und bewertet diese.

Die insgesamt erarbeiteten Forschungsergebnisse bilden die Grundlage für eine Potenzialanalyse der Technologie in Kapitel 6. Ziel ist die Identifizierung und Bewertung der bereits jetzt erkennbaren Potenziale der Elektrofotografie; zudem werden wesentliche Möglichkeiten zur Weiterentwicklung und Etablierung der Technologie aufgezeigt.

Abschließend erfolgt eine Zusammenfassung der Erkenntnisse dieser Studie. Dabei werden die erzielten Ergebnisse im Kontext der o. a. Fragestellungen bewertet und der notwendige Bedarf für weitergehende Forschungen identifiziert.

2 Elektrofotografie und funktioneller Digitaldruck

Bei der Elektrofotografie handelt es sich um eine etablierte Methode im Grafikdruck; Laserdrucker sind als Office-Drucker weit verbreitet. Der dabei zur Anwendung kommende elektrofotografische Prozess ist dessen Nutzern oft unbekannt, weshalb dieser hier zunächst vorgestellt wird. Anschließend wird vertiefend auf die Tonerproduktion eingegangen, um die Grundlagen für das Verständnis der Besonderheiten bei der Vertonerung von leitfähigen Partikeln zu legen. Den Abschluss des Kapitels bildet ein Überblick über den Stand der Technik zum Einsatz der Elektrofotografie im funktionellen Druck, insbesondere von leitfähigen Strukturen.

2.1 Grundlagen der Elektrofotografie

Die Elektrofotografie wurde in den 1930er Jahren von Chester Carlson als einfache und günstige Methode zur Kopie von Dokumenten erfunden. Dies blieb auch mehrere Jahrzehnte das Hauptanwendungsgebiet, bis die Technologie in den 1970er Jahren zu einer digitalen Druckmethode weiterentwickelt wurde und die ersten sog. Laserdrucker hergestellt wurden [Schein 92]. Den Kern des elektrofotografischen Prozesses stellt ein Fotoleiter dar, der im Inneren eines Druckers rotiert. Dieser Fotoleiter wird erst geladen und anschließend durch eine Lichtquelle selektiv entladen. Tonerpulver wird je nach Verfahren auf die entladenen oder nicht entladenen Stellen entwickelt, anschließend auf das Substrat übertragen und darauf fixiert. Eine schematische Darstellung des Gesamtprozesses ist in **Bild 2.1** zu sehen.

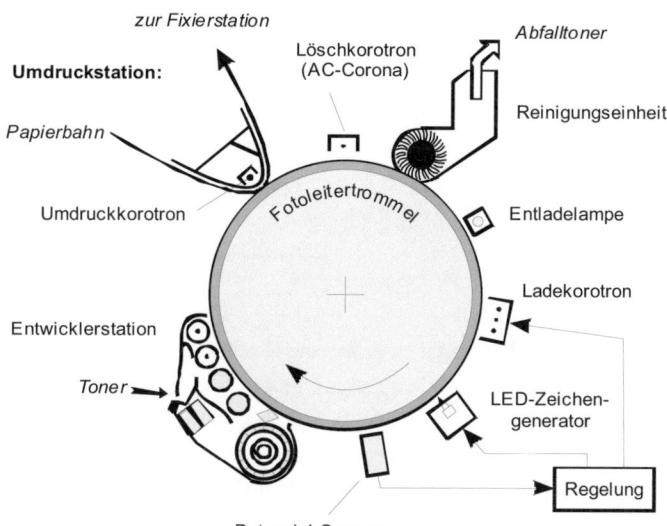

Bild 2.1: Schematische Darstellung des elektrofotografischen Prozesses [Goldmann 00]

Im Folgenden wird ein kurzer Überblick über die einzelnen Schritte des Prozesses gegeben. Abhängig von Druckerhersteller und Anwendung existieren verschiedene Varianten, wobei hier nur diejenigen vertieft werden sollen, die auch im weiteren Verlauf von Bedeutung sind.

Je nach Definition wird der Prozess in der Literatur in eine unterschiedliche Anzahl von Schritten unterteilt. Für diese Studie wird die Unterteilung von Schaffert in fünf Schritte gewählt [Schaffert 75]; als sechster Schritt wird zumeist die Reinigung der beteiligten Komponenten angeführt. Diese ist aber für die weiteren Betrachtungen von untergeordneter Bedeutung und soll hier nicht weiter vertieft werden.

2.1.1 Laden des Fotoleiters

Ein Fotoleiter besteht aus einer leitfähigen Trommel (meist Aluminium), die üblicherweise entweder mit Arsentriselenid (As_2Se_3) oder einer organischen Mehrschichtanordnung überzogen ist. Da nur die zuletzt genannten organischen Fotoleiter (*organic photoconductor*, OPC) in den hier beschriebenen Forschungen zum Einsatz kommen, werden im Folgenden ausschließlich diese betrachtet.

Als erster Prozessschritt wird auf dem Fotoleiter mittels einer Korona, wie in **Bild 2.2** dargestellt, eine Oberflächenladung erzeugt. Durch die am Koronadraht anliegende Hochspannung wird die umgebende Luft ionisiert und die geladenen Partikel wandern zur Oberfläche des OPC [Oittinen 98]. Dadurch entsteht eine Ladung, die als homogen betrachtet werden kann, da der Fotoleiter ohne Beleuchtung einen Isolator darstellt [Schein 92].

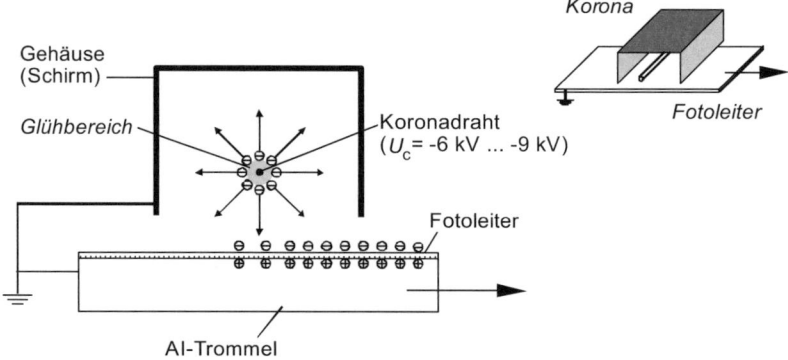

Bild 2.2: Koronaanordnung für negative Aufladung [Goldmann 00]

Die Wahl der Polarität der Aufladung hängt vom Material des Fotoleiters sowie der verwendeten Entwicklungsmethode ab. Im Rahmen der beschriebenen Forschungen wird eine negative Ladung auf einen OPC aufgebracht. Der an negativer Hochspannung liegende Koronadraht ist dabei von einem Gehäuse umgeben. Zwischen dem Koronadraht und dem Fotoleiter ist ein Drahtgitter angebracht, das auf ein definiertes Potenzial gelegt wird und wie eine Steuerelektrode wirkt. Somit wird Inhomogenität vermieden und eine definierte Steuerung der Aufladung ermöglicht [Goldmann 00].

2.1.2 Belichtung

Im nächsten Prozessschritt wird der negativ geladene OPC selektiv entladen. In den ersten auf EP basierenden Digitaldruckern wurden als Lichtquelle dafür ein Laser verwendet, der den Fotoleiter abtastete, woher die Drucker ihren heute noch allgemein verwendet Namen erhielten: Laserdrucker [Schein 92]. Dieser gebräuchliche Name ist allerdings nicht für alle elektrofotografischen Drucker korrekt, da heutzutage sowohl Laser als auch LEDs verwendet werden [Kipphan 00]. So wird auch im Rahmen dieser Studie ein LED-Array als Zeichengeneratoren genutzt, wie exemplarisch in **Bild 2.3** dargestellt. Über die Anzahl der dabei entstehenden belichteten Punkte pro Fläche definiert sich die Auflösung des Druckers, üblicherweise gemessen in *dots per inch* (dpi).

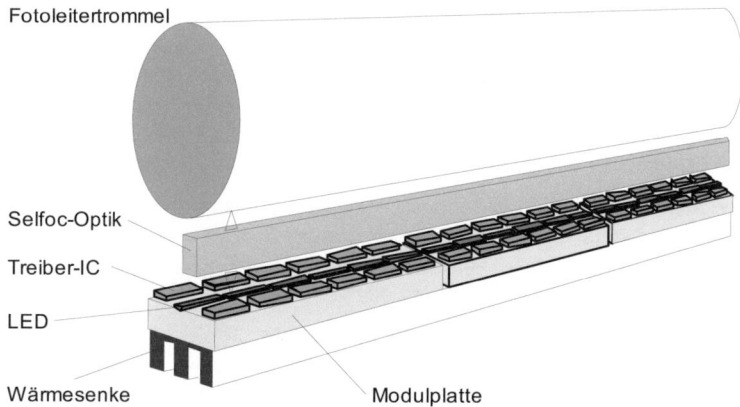

Bild 2.3: Schematischer Aufbau eines LED Zeichengenerators (ZG 1 des Herstellers Océ) [Goldmann 00]

Wie zuvor erläutert, besteht der OPC aus einer dünnen, isolierenden Schicht und einem leitfähigen Kern (Grundelektrode). Das Licht, das auf den Fotoleiter trifft, wird absorbiert und erzeugt Raumladungen (Elektron-Loch-Paare). Unter dem Einfluss des elektrischen Feldes zwischen der Grundelektrode und der Oberflächenladung wandern die Raumladungen zur jeweiligen Grenzfläche (Elektrode), neutralisieren die Ladung und erzeugen somit das Ladungsbild auf dem Fotoleiter (siehe **Bild 2.4**) [Goldmann 00].

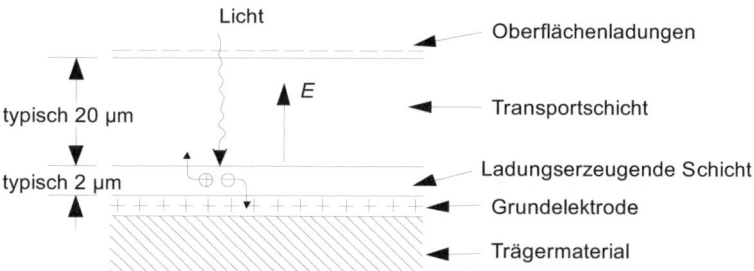

Bild 2.4: Belichtung eines negativ geladenen, organischen Fotoleiters [Goldmann 00]

Somit bleibt an den nicht belichteten Stellen die negative Oberflächenladung erhalten, während die Ladung an den belichteten Stellen neutralisiert wird. Für den weiteren Prozess ist dabei entscheidend, ob das sog. Hellschreiben (*charged area development* – CAD) oder das sog. Dunkelschreiben (*discharged area development* – DAD) zur Anwendung kommt. Beim CAD, das hauptsächlich in analogen Kopierern angewandt wurde, wird der Hintergrund belichtet, d. h. die Stellen an denen später kein Toner aufgetragen werden soll. Bei Digitaldruckern kommt hauptsächlich DAD zur Anwendung; so auch im Rahmen dieser Studie. Dabei werden die Stellen belichtet, an denen Toner aufgetragen werden soll.

2.1.3 Entwicklung

Auf das auf dem OPC existierende Ladungsbild wird anschließend Tonerpulver aufgetragen, das in der klassischen EP den Träger des Farbstoffes darstellt. Dieser Prozessschritt, den man als Entwicklung bezeichnet, kann technisch auf unterschiedliche Art und Weise umgesetzt werden, wobei hier nur die für diese Studie relevante Entwicklung eines Zwei-Komponenten-Systems mittels einer Magnetbürste erläutert werden soll. Dabei handelt es sich um die bei Pulvertonern am weitesten verbreitete Methode [Kipphan 00].

Als Zwei-Komponenten-Toner bezeichnet man ein Entwicklergemisch (d*eveloper*) aus Tonerpartikeln und sogenanntem Carrier, die sich aneinander elektrostatisch aufladen. Im Bereich der EP spricht man dabei von einer triboelektrischen Aufladung, deren Polarität und Höhe sich, abhängig von den gewählten Materialien, steuern lässt.

In der Entwicklerstation befindet sich das Gemisch in einem Kreislauf, in dem es mechanisch durchgerührt und anschließend dem Fotoleiter zugeführt wird. Dies geschieht, indem an einer um einen Entwicklermagneten rotierenden Hülle, entlang der Feldlinien des Magneten, eine als Magnetbürste bezeichnete Ansammlung von Partikeln entsteht (siehe **Bild 2.5**) [Goldmann 00].

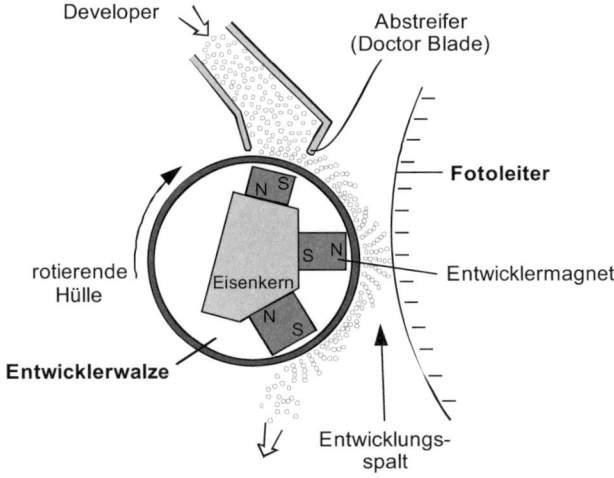

Bild 2.5: Magnetbürstenentwicklung eines Zwei-Komponenten-Gemisches [Goldmann 00]

Dabei haften die kleineren Tonerpartikel an den größeren, magnetischen Carrierpartikeln. Diese Magnetbürste streift ständig über den Fotoleiter, wobei die magnetischen Kräfte von der Größe und/oder den magnetischen Eigenschaften der Carrier-Partikel abhängen [Ishida 97]. Im hier betrachteten Fall hat der OPC eine negative Oberflächenladung und das latente Ladungsbild entsteht an den belichteten und somit neutralen Stellen. Hier sollen im DAD-Verfahren nun die Tonerpartikel haften. Dazu bedarf es zum einen negativ geladener Tonerpartikel (die Carrierpartikel sind dann zwingend positiv geladen), zum anderen einer negativen Spannung, die an der Entwicklerstation anliegt (sog. *Bias*-Spannung).

Der dadurch entstehende Potenzialunterschied zwischen Entwicklerstation (negativ) und den entladenen Stellen des Fotoleiters (neutral) erzeugt ein elektrisches Feld, durch das sich die Tonerpartikel zum Fotoleiter bewegen. Dabei gilt für den Betrag der Kraft F

$$F = E \cdot Q, \qquad (2.1)$$

womit der Übertrag der Tonerpartikel von der elektrischen Feldstärke E und der Ladung der Tonerpartikel Q abhängt [Oittinen 98]. Die negative Oberflächenladung des OPCs sorgt prinzipiell dafür, dass keine Partikel auf unbelichtete Stellen gelangen; in der Praxis kommt es dabei durchaus zu ungewollten Verunreinigungen aufgrund von Partikeln mit falscher Ladung oder auch von inhomogener Ladung des Fotoleiters.

Die o. a. Magnetkräfte sowie die positive Ladung der Carrierpartikel halten diese in der Entwicklerstation, so dass sie über einen langen Zeitraum verwendet werden können, während die Tonerpartikel ständig nachgeführt werden müssen. Am Ende des Prozesses haften die entwickelten Tonerpartikel auf dem Ladungsbild des OPCs.

2.1.4 Transfer

Als Transfer bezeichnet man den Prozessschritt, in dem der Toner vom OPC auf das Substrat (im Normalfall Papier) übertragen wird. Üblicherweise geschieht das, in dem an der Rückseite des Papiers eine Corona eine Ladung erzeugt, deren Polarität gegensätzlich zu der des Toners ist (siehe Bild 2.1) [Schein 92]. Somit wäre ein berührungsloser Übertrag rein durch elektrische Kräfte möglich. Allerdings würden so lediglich die obersten Tonerlagen übertragen und der Transferwirkungsgrad wäre gering. Folglich geschieht der Transfer meist nicht berührungslos, sondern das Papier liegt direkt am Fotoleiter an [Goldmann 00].

Neben der beschriebenen Methode existieren weitere Möglichkeiten, den Transfer zu realisieren, die nach demselben Prinzip (elektrisches Feld und mechanischer Druck) funktionieren. Deren Analyse kommt an späterer Stelle noch erhebliche Bedeutung zu, so dass die hier gegebene Einführung dann vertieft wird (Kapitel 5.1 und 5.2).

2.1.5 Fixierung

Um den transferierten Toner dauerhaft auf dem Substrat zu fixieren, wird dieser mit dessen Oberfläche verschmolzen. Dies geschieht durch Wärme und/oder Druck [Kipphan 00]. Auch dazu existieren unterschiedliche Methoden, wobei sich hier auf die im Rahmen dieser Studie zur Anwendung kommende Fixierung mittels Wärmestrahlung beschränkt wird.

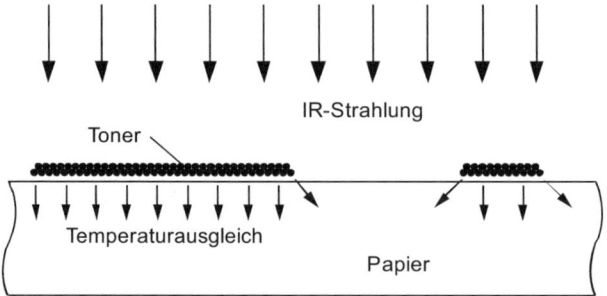

Bild 2.6: Strahlenfixierung von Toner auf Papier (schematisch) [Goldmann 00]

Dabei wird, wie in **Bild 2.6** dargestellt, der Toner durch Infrarot-Strahlung erwärmt und zum erweichen gebracht, so dass er die Oberfläche des Substrates benetzt und sich mit dieser abrieb- und haftfest verbindet. Dabei hängt die Wärmeabsorption des Toners von dessen Farbe ab. Während schwarzer Toner über 95 % absorbiert, nimmt Papier im Mittel etwa nur 20 % der Wärme auf [Goldmann 00]. Diese physikalische Stoffeigenschaft hat auch einen Einfluss auf die Fixierung von Silbertoner, da dieser normalerweise einen geringeren Absorptionsgrad als Schwarztoner aufweist.

2.2 Tonerdesign und -charakterisierung

Toner ist ein feines, pigmentiertes Pulver, welches genutzt wird, um das auf dem OPC generierte Ladungsbild zu entwickeln [Marshall 00]. Ihm kommt als Träger des funktionellen Elements (im Grafikdruck das Farbpigment, für Leiterbahnen Silber o. ä.) ein besonderer Stellenwert zu. Bevor in Kapitel 0 die Beschreibung der Besonderheiten bei der Herstellung von Silbertoner erfolgt, sollen hier allgemein die grundlegenden Bestandteile von Toner sowie dessen Herstellung erläutert werden. Zusätzlich wird eine Methode zur Bestimmung der Aufladung eines Toners vorgestellt.

In einem hier betrachteten Zwei-Komponenten-Entwickler-System werden Toner- und Carrierpartikel genutzt, um eben durch Berührung diese Aufladung zu erzielen. Beim Carrier handelt es sich um sphärische oder irregulär geformte Metallpartikel, die aus einem magnetischen Material wie Stahl oder Eisen bestehen. Der mittlere Carrier-Durchmesser liegt üblicherweise in einem Bereich von 100 µm bis 300 µm [Goldmann 00]. Die Oberfläche dieser Partikel wird mit Zusatzstoffen behandelt, die die Aufladung des Gemisches beeinflussen.

Im Rahmen dieser Studie wird lediglich ein einziger, vom Druckerhersteller gelieferter Carrier verwendet. Da dieser nicht Gegenstand der Untersuchungen ist, wird auf dessen vertiefende Beschreibung verzichtet.

2.2.1 Komponenten / Inhaltsstoffe

Im Folgenden sollen die üblichen Inhaltsstoffe eines konventionellen Toners kurz vorgestellt werden. Die Angaben hierfür sowie beim folgenden Abschnitt über die Tonerherstellung stammen dabei sowohl aus öffentlich zugänglichen Quellen ([Marshall 00], [Goldmann 00], [Oittinen 98]), als auch vor allem aus den Angaben des Herstellers Zobrist Engineering and Consulting (ZEAC), durch den die Herstellung der später beschriebenen Toner erfolgte.

Polymer (Harz) Polymere bilden mit einem Anteil von bis zu 80 % – 90 % am Gesamtvolumen die Basis für den Toner. Dabei bindet das Polymer die anderen Inhaltsstoffe in den Tonerpartikel sowie später das Pigment an das Substrat. Die Wahl des Polymers hat aufgrund seines hohen Anteils Einfluss auf nahezu alle Tonereigenschaften wie z. B. Ladung, Fließverhalten, Beständigkeit des Toners oder den Herstellungsprozess.

Pigment Das Pigment sorgt im Grafikdruck für die Farbe des Druckbildes. Für Schwarztoner wird dafür hauptsächlich Ruß (*carbon black*) eingesetzt, bzw. entsprechende Farbpigmente für andersfarbige Toner. Der Anteil beträgt etwa 5 % – 15 %.

Ladungsstabilisatoren Diese sog. CCA (*charge control agents*) dienen der Steuerung der Polarität sowie der Geschwindigkeit, der Stabilität und der Höhe der Aufladung. Ihr Anteil beträgt ca. 1 % – 3 %.

Additive Unter dem Begriff Additive werden weitere Zusatzstoffe zusammengefasst, die zur Optimierung der Fließfähigkeit, der Qualität, der Reinigungseigenschaften oder anderer Tonereigenschaften dienen. Ein Beispiel dafür ist die Anwendung von Silica zur Gewährleistung der Rieselfähigkeit.

Wachs Wachse dienen zur Verhinderung der Haftung bei bestimmten Fixierverfahren.

2.2.2 Tonerherstellung

Die Vertonerung der Inhaltsstoffe wurde extern durch den Projektpartner Zobrist Engineering and Consulting durchgeführt. Um den Prozess einordnen zu können, wird das Verfahren hier anhand der angegebenen Quellen und den Angaben von ZEAC kurz vorgestellt. Hier ist nur das klassische Herstellungsverfahren relevant, chemische Tonerherstellungsverfahren werden nicht betrachtet. Der erste Schritt ist das Herstellen des Grundharzes mittels Polymerisation bzw. Polykondensation. Danach folgen das Mischen der Rohstoffe inklusive Extrusion, deren Zerkleinerung sowie das Sichten und somit das Klassifizieren, um anschließend das Endprodukt Toner zu gewinnen [Goldmann 00].

Zum **Mischen** werden die o. a. Bestandteile durch mechanische Kräfte miteinander vermengt. Dazu werden heutzutage hauptsächlich Fluidmischer genutzt. Dieser Schritt dient zur Vorbereitung auf die deutlich feinere Dispergierung der Inhaltsstoffe im Zuge der Extrusion.

Bei der nachfolgenden **Extrusion** (von lat. *extrudere* = hinaus stoßen, treiben) handelt es sich generell um ein Verfahren, bei dem Kunststoffe oder andere zähflüssige härtbare Materialien einem kontinuierlichen Verfahren durch eine speziell geformte Düse gepresst werden [Wiki 11a]. Im Rahmen der Tonerherstellung wird der bereits vorgemischte Toner in einem teigähnlichen Zustand mittels einer Welle mit Schneckenelementen durch den Extruder bewegt. Dabei wird das Tonerharz aufgeschmolzen und die Additive eingeknetet und zerkleinert. Die hohen Scherkräfte sorgen für eine gleichmäßige Dispergierung aller Inhaltsstoffe. Insgesamt handelt es sich hierbei um den entscheidenden Schritt für Leistungsfähigkeit des entstehenden Toners [Marshall 00].

Anschließend folgt das **Mahlen und Sichten**, wobei die Tonermasse zunächst mechanisch grobzerkleinert wird und anschließend in einer sog. *Jet Mill* (Strahlmühle) auf die gewünschte Partikelgröße gemahlen wird. Dabei findet ein ständiger Sichtungsprozess statt, der zu große Partikel herausfiltert und erneut dem Mahlprozess zuführt. Die gewünschte Korngröße sollte dabei etwa ein Fünftel der gewünschten Pixelgröße betragen, bei einer Auflösung von 600 dpi entspräche das etwa 8 µm [Oittinen 98].

Abschließend werden zum gemahlenen Toner die Oberflächenadditive in einem mechanischen Mischprozess zugegeben und durch einen Siebvorgang die gewünschte Tonerqualität sichergestellt, in dem zu große Tonerpartikel und Agglomerate eliminiert werden.

2.2.3 Triboelektrische Aufladung

Der Transport der Tonerpartikel durch den elektrofotografischen Prozess findet hauptsächlich durch Kräfte statt, die von elektrischen Feldern auf die geladenen Tonerpartikel ausgeübt werden. Es existieren dabei unterschiedliche technische Möglichkeiten, diese Ladung auf den Tonerpartikeln zu erzeugen. Nachfolgend soll die Aufladung in einem Zwei-Komponenten-System erläutert werden, wie es im weiteren Verlauf dieser Studie zur Anwendung kommt.

Unabhängig vom Entwicklersystem handelt es sich bei der Ladung der Tonerpartikel um eine triboelektrische Ladung (von lat. *tribere* = reiben). Dieser in der EP übliche, und somit im Folgenden verwendete Begriff bezeichnet eine elektrostatische Oberflächenladung der Partikel. Etwas veraltet ist dabei der Begriff Reibungselektrizität.

Triboelektrische Ladung entsteht, wenn die Oberflächen zweier Stoffe in Kontakt kommen. Aufgrund der unterschiedlichen Elektronenaustrittsenergie der Stoffe kommt es in der gemeinsamen Grenzschicht zu einem Übergang von Elektronen und es entstehen gegenpolige Ladungen auf beiden Seiten [Németh 03]. Die sich ausbildende Doppelschicht besitzt die Ladung

$$Q = C \cdot U. \tag{2.2}$$

Trennt man anschließend die beiden Oberflächen, verringert sich die Kapazität C bei entsprechender Abstandsvergrößerung deutlich. Da die Gesamtladung Q der Doppelschicht erhalten bleibt, führt dies zu einem starken Anstieg der Potenzialdifferenz U.

Dabei steigt die elektrische Energie des Systems an. Dies resultiert daraus, dass bei der Trennung der gegenpoligen Ladungen die resultierende Anziehungskraft (Coulomb-Kraft) überwunden werden muss. Die hohe Ladung der einzelnen Stoffe geht somit mit elektrischer Energie einher, die das Äquivalent für jene mechanische Energie ist, die beim Trennen der beiden Teile aufzuwenden ist [Bartz 05].

Dabei ist Reibung übrigens völlig unerheblich [Németh 03] [Bartz 05]. Früher nahm man dies fälschlicherweise an, allerdings werden durch Reiben lediglich die Oberfläche zweier Körper in Kontakt gebracht und die Anzahl der Kontaktstellen bzw. die Kontaktfläche vergrößert [Németh 03].

In einem Zwei-Komponenten-Entwickler-System werden nun Toner- und Carrierpartikel genutzt, um eben durch Berührung diese Aufladung zu erzielen. Die kleineren Tonerpartikel bewegen sich mit den größeren Carrierpartikeln in der Entwicklerstation und werden ständig mechanisch durchmischt. In diesem Zusammenhang spricht man von einer Aktivierung des Entwicklergemisches. Dabei laden sich die Partikel gegenpolig auf und haften aneinander, wie in **Bild 2.7** dargestellt.

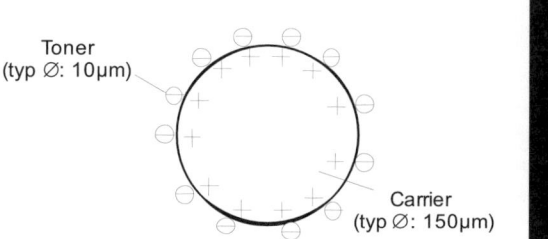
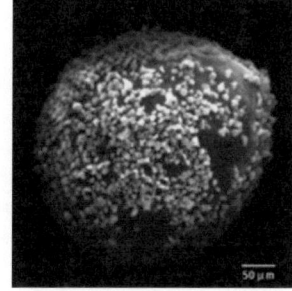

Bild 2.7: Toner- und Carrierpartikel schematisch (links) [Goldmann 00] sowie als REM-Aufnahme (rechts) [Schein 92]

Die mechanisch zugeführte Energie wird dabei in potenzielle elektrische Energie umgewandelt. Dabei ist es wünschenswert, eine möglichst hohe Ladung mit der notwendigen Polarität zu erzielen, da, wie in Gleichung (2.1) dargestellt, die Kraft auf den Partikel und somit die Qualität des Übertrages im Prozess von der Höhe der Tonerladung abhängt. Angeben wird sie meist in Bezug zur Masse in der sog. *charge-to-mass ratio,* dem Quotienten q/m. Unerwünscht sind Tonerpartikel mit der falschen Polarität, da sie zu sogenanntem Hintergrund, d. h. ungewünschten Ablagerungen auf dem Substrat, führen. Gänzlich ungeladene Partikel sind genauso unerwünscht, da diese Staubbildung im Drucker verursachen [Schein 92].

Die Höhe der Aufladung lässt sich durch

$$\frac{q}{m} = \left(\frac{A'}{C+C_0}\right) \cdot (\Phi_{\text{Toner}} - \Phi_{\text{Carrier}}) \cdot (1 - e^{-\gamma \cdot t}) \qquad (2.3)$$

ausdrücken [Nash 96]. Dabei beschreibt der Faktor in der ersten Klammer die physikalischen Einflüsse, der zweite Faktor die chemischen und der dritte Faktor die mechanischen Einflüsse auf die Ladung des Toners [Nash 01].

Der **physikalische** Einfluss ist durch mehrere Konstanten beschrieben. Die charakteristische Konstante A' hängt von elektrostatischen und physischen Eigenschaften wie z. B. der Größe und Dichte von Toner und Carrier ab. Dabei steht C für die Tonerkonzentration im Entwickler (in Gew.-%) [Nash 96], die einen sehr indifferenten Einfluss auf die Ladung des Toners hat [Shinjo 97] [Gutman 99][Guay 96]. C_0 stellt eine weitere Konstante für physikalische Eigenschaften von Toner und Carrier wie z. B. die Verhältnisse der Radien dar.

Die **chemische** Komponente ist der Unterschied der Potenzialdifferenzen von Toner und Carrier. Dessen Höhe und Polarität hängen bei triboelektrischer Ladung generell davon ab, wie weit die Stoffe in der sog. triboelektrischen Reihe auseinanderstehen [Schein 92]. Problematisch ist dabei, dass die in der Literatur angegebenen triboelektrischen Reihen zum Teil deutlich voneinander abweichen [Davis 69] [Williams 76] [Henniker 62] [McCabe 74] [Schein 92]. Der Grund dafür ist in den unterschiedlichen Kontaktierungsbedingungen bei deren Erstellung und in den verschiedenen Additiven im Kunststoff zu sehen [Németh 03]. Des Weiteren bestehen weder Toner noch Carrier aus homogenen Stoffen, sondern aus mehreren unterschiedlichen Komponenten. Hervorzuheben ist dabei der Einfluss der CCA [Otani 99] [Nash 01] [Yamamura 97], die explizit aus diesem Zwecke beigeben werden, aber auch das Grundpolymer oder beispielsweise die Additive haben einen Einfluss auf die Ladung [Lee 97].

Der **mechanische** Einfluss auf die Aufladung des Toners ist im bereits beschriebenen Aktivierungsvorgang zu finden. Bedeutend ist dabei die Dauer der Aktivierung t [Ebisu 95][Shinjo 97], wobei die Rate der triboelektrischen Ladung über die Konstante γ ausgedrückt wird [Nash 01].

Zusammenfassend lässt sich sagen, dass der Höchstwert der Aufladung von den beschriebenen chemischen und physikalischen Parametern bestimmt wird. Über den Verlauf der Aktivierung nähert sich die Ladung dabei dem Höchstwert asymptotisch in einer Exponentialfunktion an, so dass sie nach einer gewissen Zeit eine Sättigung erreicht, wie beispielhaft in **Bild 2.8** dargestellt.

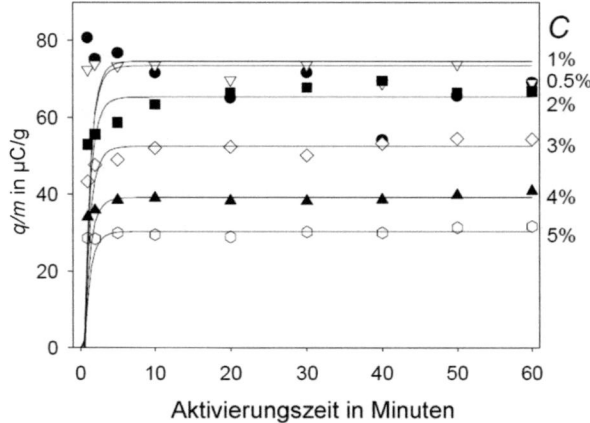

Bild 2.8: Beispiel für einen typischen Verlauf einer Toneraufladung; hier für die Höhe der Aufladung bei unterschiedlichen Konzentrationen [Nash 01]

2.2.4 Charakterisierung des Toners

Zur Charakterisierung von Toner lassen sich unterschiedliche Ansätze wählen. Eine Möglichkeit besteht in der Betrachtung der Tonerrezeptur und somit dem Anteil der einzelnen Komponenten (Kapitel 0). Allerdings lassen sich anhand der Zusammensetzung des Toners keine direkten Aussagen über dessen Eigenschaften machen.

Aussagekräftiger sind die aus dem Herstellungsprozess resultierenden physikalischen Eigenschaften der Partikel wie Form, Größe und Korngrößenverteilung. Wie bereits zuvor erwähnt ist die Größe der Partikel entscheidend für die mögliche Auflösung des Bildes; weiterhin hat die Größe über die daraus resultierende Masse Einfluss auf die mögliche spezifische Ladung. Für die Homogenität des Druckbildes ist eine möglichst enge Korngrößenverteilung wünschenswert, da dies für die Verwendbarkeit des Toners im Drucker günstig ist. Die Ermittlung der erwähnten Parameter unterscheidet sich bei Toner nicht wesentlich von der bei anderen, ähnlich großen Partikeln. Weiterhin können thermische Eigenschaften des Toners wie beispielsweise der Erweichungspunkt interessant sein, u. a. für die Fixierung des Toners auf dem Substrat.

Die meisten der bisher erwähnten Charakteristiken sind allerdings, ausgenommen evtl. der physikalischen Parameter des Toners, für die hier behandelte Problemstellung nicht entscheidend. Deutlich bedeutender ist die Höhe und Verteilung der triboelektrischen Aufladung. Um die Ladung messen zu können, werden üblicherweise Ladungsspektrometer (*toner charge spectrometer*) unter Nutzung des sog. *blowoff*-Verfahrens verwandt. Dabei werden die Tonerpartikel vom Carrier durch einen Luftstrom abgeblasen und deren Ablenkung bei der Bewegung durch ein elektrisches Feld gemessen [Schein 92]. Im Rahmen dieser Studie wurde der q-Test der EPPING GmbH angewandt, dessen Messkammer in **Bild 2.9** dargestellt ist.

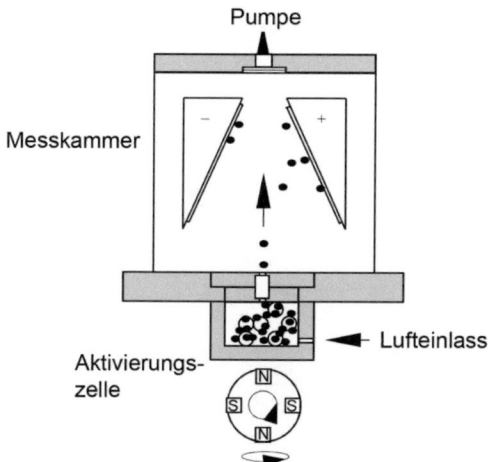

Bild 2.9: Querschnitt durch die Messkammer des q-Testes mit Aktivierungszelle für Zwei-Komponenten-Toner [Küttner 98]

Dabei wird das Entwicklergemisch in der Aktivierungszelle durch einen rotierenden Magneten aktiviert und die Tonerpartikel werden anschließend vom Carrier im Saugverfahren durch einen Luftstrom abgeblasen. Die Partikel fliegen durch ein elektrisches Feld dessen Intensität im Verlauf des Luftstroms zunimmt und werden je nach Polarität und Höhe der Ladung abgelenkt [Küttner 98]. Die Kammer ist dabei so konstruiert, dass keine Turbulenzen entstehen und der Luftstrom gleichförmig ist. Ebenso werden Kollisionen der Partikel mit den Wänden weitgehend vermieden, so dass sich die Partikel nicht erneut aufladen [Epping 97]. Die Partikel lagern sich dabei auf Glasplättchen ab, die grafisch ausgewertet werden. Je nach Polarität setzen sich die Tonerpartikel an einer der Elektroden ab. Anhand der Position der Partikel auf den Glasplättchen kann die Höhe der Aufladung bestimmt werden [Küttner 98].

Dabei werden die Partikel allerdings nicht anhand ihrer Masse und somit anhand der bereits erwähnten *charge-to-mass ratio* (also q/m) ausgewertet, sondern in diesem Fall über ihre Größe erfasst. Die Auswertung erfolgt über die Anzahl der Pixel auf dem Glas und somit wird die Auflaldung des Partikels in Relation zu seinem Durchmesser und folglich q/d ermittelt. Da die Masse über das Volumen auch proportional zu d^3 ist, ist die Aussagekraft beider Angaben vergleichbar. In Bezug auf die spätere Anwendung lässt sich sagen, dass bei q/m besonders kleine Partikel, die im elektrofotografischen Prozess eher unbedeutend sind, starken Einfluss haben, da sie über eine relativ hohe Oberflächenladung bei verhältnismäßig kleiner Masse verfügen. Bei q/d wird dieser Effekt durch die Normierung auf den Durchmesser kompensiert, womit die Ladung größerer Partikel stärker gewichtet ist.

Weiterhin bietet die Messmethode aufgrund der grafischen Auswertung den Vorteil, dass sich eine Ladungsverteilung ergibt, die den Anteil der Partikel mit einer bestimmten Ladung darstellt. **Bild 2.10** zeigt ein Beispiel für eine solche Verteilung.

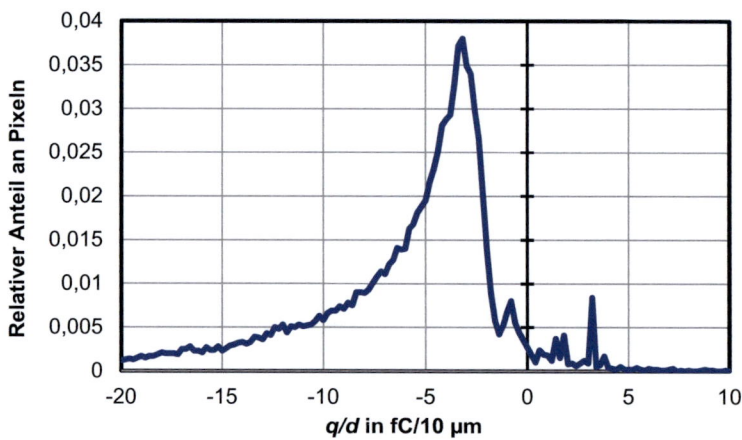

Bild 2.10: Ladungsverteilung eines als Vergleich genutzten Schwarztoners

Bei der gezeigten Verteilung handelt es sich um einen Standard-Schwarztoner, der im weiteren Verlauf zu Vergleichszwecken genutzt wird. Die Ladungsverteilungen stellt meist eine ausgewählte Messung aus mehreren dar; bei neueren Messungen wird auch über mehrere Messungen gemittelt. Auf der Abszisse ist die spezifische Ladung aufgetragen, angeben in fC/10 µm. Auf der Ordinate wird der relative Anteil der Pixel (Tonerablagerungen auf den Glasplättchen) mit der entsprechenden Ladung aufgetragen. Zu beachten ist dabei, dass aufgrund der o. a. Messmethodik ungeladene Partikel nicht erfasst werden. Die Werte für den Nulldurchgang werden aus den benachbarten Werten interpoliert. Bei dieser Messung, wie bei allen nachfolgenden, beträgt die Stärke des Luftstroms 160 ml/min.

Die Interpretation des Kurvenverlaufs ermöglicht einen anschaulichen und schnellen Vergleich unterschiedlicher Toner, da sich Höhe, Polarität und Homogenität der Auflagung ablesen lassen. Für diese wesentlichen Eigenschaften werden ebenfalls Kennwerte ermittelt, wie der mittlere q/d-Wert (hier -6,67 fC/10µm) und der Anteil der Partikel mit falscher Ladung (in diesem Fall positive Partikel), der möglichst niedrig sein sollte (beim Beispieltoner sind das 3,98 %). Die Homogenität der Auflagung lässt sich über den Δ_{90}-Wert bewerten, der die Spanne angibt, in der sich 90 % der Messwerte befinden (bestimmt durch Integration der Messwerte und anschließendem Abzug von 5 % jeweils am oberen und unteren Rand). Dieser beträgt für den gezeigten Schwarztoner 18,2 fC/10 µm. Somit liefert der q-Test eine gute Einschätzung von der Qualität der Ladung eines Toners. Der gezeigte Schwarztoner ist dabei durchaus als Referenz zur Bewertung von Silbertonern tauglich.

2.3 Anwendungsfelder des funktionalen Digitaldruckes

Nach der bisher erfolgten allgemeinen Betrachtung der Elektrofotografie wird nun der Fokus auf die bisher erfolgten Forschungsarbeiten zu deren Nutzung im Bereich des funktionalen Drucks gerichtet. Gemäß der eingangs formulierten Zielsetzung werden dabei die Möglichkeiten des Einsatzes der EP als Methode zur Herstellung elektronischer Schaltungen betrachtet. Dabei lässt sich feststellen, dass die Anwendung der EP für funktionelle Zwecke (d. h. für Zwecke, die nicht unter grafische Anwendungen fallen) bisher eine untergeordnete Rolle spielt. Es existieren einige Ansätze, sie im Bereich der *Biofabrication* [Güttler 10], im Rahmen einer Studie zum Druck von fluoreszierenden Partikel [Diel 11] oder auch im 3D Druck [Jones 10] einzusetzen.

Interessant sind vor allem die bisherigen Ansätze, EP speziell als Methode zum Druck von Elektronik zu nutzen. Bevor diese vorgestellt werden, sind noch zwei Abgrenzungen durchzuführen: Zum Einen existieren Veröffentlichungen und Patente, die von sog. *conductive toner* handeln. Diese haben allerdings nichts mit dem Druck von leitfähigen Partikeln zu tun, vielmehr handelt es sich um eine Methode im grafischen Druck, bei der versucht wird, durch leitfähige Carrier die Effizienz in der Entwicklung des Toners zu steigern [Gutman 96] [Huber 97]. Des Weiteren gilt es den oft synonym für Elektrofotografie verwendeten, unscharfen Begriff Laserdruck bzw. *laser printing* genauer abzugrenzen. Hierbei besteht Verwechslungsgefahr mit Methoden, die ebenfalls zur Herstellung bzw. zum Druck von Elektronik genutzt werden. Bei diesen wird tatsächlich mit einem Laser meist direkt auf Substrate, Pulver o. ä. gewirkt [Shin 08][Duignan 03].

Sehr umfassend deckt den Gebrauch von EP zum Druck von Elektronik eine Patentanmeldung der Weyerhaeuser Company aus dem Jahre 2007 ab [Hirahara 07]. Hierbei wird ganz allgemein die Möglichkeit, *printed circuit boards* (PCBs) mittels EP zu drucken, patentiert. Als Beispiel werden u. a. RFIDs genannt. Dazu wird vor allem auf den Vorteil einer kostengünstigeren Produktion hingewiesen, aber auch auf die Flexibilität der EP im Allgemeinen. Im Verlaufe des Patents werden nahezu alle denkbaren in der EP generell üblichen Funktionen und Variationen erwähnt und erklärt. Diese sollen genutzt werden, um in Tonerpartikeln eingeschlossene, funktionelle Materialen zu drucken; explizit sämtliche Leiter, Halbleiter sowie Isolatoren, egal ob Polymere oder nicht. Konkrete technische Lösungen werden in dieser Patentanmeldung nicht genannt; vielmehr werden sehr global die Möglichkeiten der EP beschrieben, um elektronische Schaltungen und Bauelemente zu drucken. Dabei wird auch ein in Farbdruckern übliches Mehrfachdruckwerk erwähnt, womit unterschiedliche Schichten bzw. Materialen in einem Druckgang aufgebracht werden können, die zwischendurch immer wieder verschmolzen werden. Es wird beispielhaft der Druck eines Kondensators erläutert, zudem wird nahezu jedes denkbare elektronische Bauelement aufgezählt und inkludiert. Bemerkenswert ist dabei die Idee, für oft zu druckende Schaltungen eine feste, elektrostatisch aufladbare strukturierte Oberfläche zu nutzen und den Fotoleiter dadurch zu ersetzen, um somit in hoher Stückzahl identische Schaltungen zu drucken. Damit würde das Prinzip des Siebes quasi in die EP einfließen. Ebenfalls erwähnt und eingeschlossen wird der Transfer über eine Rolle zwischen OPC und Substrat. Zusammenfassend lässt sich sagen, dass die Schrift keine erkennbaren, konkreten technischen Lösungen enthält, sondern vielmehr prinzipiell und ganz allgemein auf die Idee abzielt, mittels EP Elektronik zu drucken.

Ähnlich verhält es sich mit zwei Ansätzen der Schott AG. Im Jahre 2000 wurde ein Gebrauchsmuster angemeldet, das vom Druck des Layouts einer elektronischen Schaltung handelt [Schott 00]. Dabei wird ein elektrografisches oder elektrostatisches Verfahren verwendet, was eine globale Formulierung für den Einsatz von EP ist. Bei diesem soll in Zwei-Komponenten-Toner verarbeitetes Pulver zur Anwendung kommen, um Leiterbahnen aus Platin, Silber oder Gold zu drucken. Des Weiteren werden verschiedene Stoffe zum Druck von Kondensatoren, Widerständen sowie Induktivitäten inkludiert. Dabei wird das bestehende Verfahren des Siebdrucks erwähnt und als Neuerung insbesondere der Vorteil der Flexibilität herausgestellt, d. h. anstatt der ständigen Herstellung von Sieben wäre mittels digitaler EP jederzeit eine Variation des Layouts möglich. Ein Jahr später wird ein im Wesentlichen identischer Inhalt im Rahmen einer Offenlegungsschrift präsentiert [Schott 01], allerdings ist diese etwas allgemeiner gefasst indem von Partikeln mit elektrischer Leitfähigkeit, ferromagnetischen, piezoelektrischen, dielektrischen, elektrochromen und/oder elektrolumineszenten Eigenschaften gesprochen wird, die zu Toner verarbeitet werden sollen.

Ein Patent des KODAK Konzerns [Tombs 10] stellt eine Methode dar, um mittels EP PCBs herzustellen. Allerdings sollen hier nicht direkt leitfähige Partikel verdruckt werden, sondern es wird das Layout eines PCBs auf einem Substrat durch den Druck eines in Toner verarbeiteten, thermoplastischen Kunststoffs erstellt. Anschließend wird der Leiter, hier Kupfer, in Pulverform aufgebracht und mit der durch die Thermoplaste geformten Struktur verschmolzen. An den nicht bedruckten Stellen wird das Pulver wieder entfernt und somit wird die Schaltung realisiert. Dies soll auch in mehreren Schichten möglich sein und stellt eine konkrete Technik dar, die in der Lage ist, unter Umgehung der Herausforderung des direkten Drucks leitfähiger Partikel, digital einen Schaltkreis zu drucken.

Wesentlich näher am Thema dieser Studie ist ein Patent der Murata Manufacturing Company [Kamada 01], einem japanischen Konzern der eine führende Rolle im Bereich der Dickschichttechnik inne hat. Dabei ist das Patent auch nicht allgemein auf den Druck von Elektronik ausgerichtet, sondern bezieht sich detailliert auf den elektrofotografischen Druck von Schaltungen auf sog. *multilayer wiring boards*, also den aus mehreren Schichten bestehenden Mikrohybriden. Es stellt eine Weiterentwicklung aus einem früheren, japanischen Patent dar. Dazu sollen leitfähige, metallische Partikel in einem detailliert beschriebenen Toner gelöst werden. Dabei werden sämtliche leitfähigen Materialen eingeschlossen, explizit werden Beispiele mit Silber und Kupfer aufgeführt. Diese werden in einem Toner aus Harz gelöst (auch ähnliche Stoffe werden eingeschlossen) und mit CCA versehen. Dabei wird in Beispielen sehr genau auf Partikelgrößen, Gewichtsanteile der einzelnen Stoffe und mögliche Variationen eingegangen. Eine äußere Schicht aus Polymer und einem Haftverstärker soll für eine vollständige Umhüllung der metallischen Partikel sorgen. Letztere stellt zudem auch die Haftung auf dem Substrat, explizit Grüntape, sicher. Genannt wird Silikatglas, aber auch andere Substanzen werden eingeschlossen, u. a. Borsilikatglas. Gedruckt wird das Pulver ganz allgemein mittels EP; Besonderheiten im Druckverfahren werden nicht angeführt. Die so entstehenden Leiterbahnen auf Grüntape werden anschließend laminiert und gebrannt, so dass eine keramische Mikrohybridschaltung entsteht. Dazu werden verschiedene Variationen in den Details des Herstellungsverfahrens ausgeführt. Interessant sind weiterhin Ausführungen über den Anteil der metallischen Partikeln im Toner. Es wird erwähnt, dass ein möglichst hoher Anteil von bis zu 90 Gew.-% angestrebt werden soll, um eine möglichst hohe Leitfähigkeit zu erhalten. Ob dieser Wert in der Praxis realisiert wurde, lässt sich aus der Patentschrift nicht erkennen.

Eine weitere konkrete technische Lösung zum Druck von leitfähigen Partikeln liefert eine Patentanmeldung aus dem Jahre 2008 [Ueda 08]. Dabei handelt es sich um ein chemisches Verfahren zum Coating von leitfähigen Partikeln, mit dem Zweck, diese zu einem elektrofotografisch druckbaren Toner zu verarbeiten. Dazu werden die metallischen Partikel in einer Lösung eingebracht, in der Silica durch Hydrolisieren eines Alkoxid-Gemisches entsteht. Das Lösungsmittel wird entfernt, so dass sich eine Silica-Schicht, und somit ein Silica-Coating, an der Oberfläche des Partikels bildet. Anschließend werden diese Silica-gecoateten Metallpartikel in eine Lösung mit einem Monomer eingebracht, worauf dieses zu Wachs polymerisiert, während es sich mit dem Partikel verbindet. Das Anbinden funktioniert über die Silica-Gruppen auf dem Metallpartikel (die Polymerisation erfolgt über die Silangruppen). Anschließend wird das Wachs zuerst bis zu einer Temperatur oberhalb des Erweichungspunktes erhitzt und dann schnell abgekühlt, so dass eine sphärische Umhüllung des Metallpartikels entsteht. Dadurch ist eine Isolierung des Partikels sichergestellt; sollte diese Umhüllung unzureichend sein, besteht immer noch ausreichende Bedeckung des Partikels durch die Silica-Schicht bzw. durch Oxidierung die an einer freien Stelle auftreten würde und offenbar gewünscht ist. Dieser Partikel wird dann zu einem Tonerpartikel weiterverarbeitet, die in einem Zwei-Komponenten-System auf keramischem Grüntape elektrofotografisch gedruckt werden. Auf diese Art und Weise soll es möglich sein, Schaltkreise mittels EP herzustellen. Laut Patent kann so erfolgreich Kupfer zu Toner verarbeitet werden und ein nach dem Sintervorgang leitfähiges Layout gedruckt werden. Interessant ist dabei, dass ein Coating der Partikel vor der Verarbeitung zum Toner stattfindet; dies stellt später die Grundlage für die eigenen Untersuchungen zur Modifizierung der Tonerherstellung dar (Kapitel 0). Allerdings existieren keine Veröffentlichungen zur Realisierbarkeit der Methode. Das Patent selbst liefert dabei zwar allgemein formulierte Ideen bis hin zur Vorstellung des konkreten technischen Verfahrens, jedoch lässt sich, wie auch bei allen vorigen Patenten, der Erfolg der Methoden nicht überprüfen.

Bei der Betrachtung wissenschaftlicher Veröffentlichungen lassen sich hingegen konkretere Ergebnisse finden. Eine frühe Studie beschreibt Elektrofotografie als Methode um Elektronik im Allgemeinen und Silberleiterbahnen im Speziellen herzustellen [Kydd 98]. Dabei wird jedoch kein Toner in Pulverform, sondern Flüssigtoner eingesetzt. Dazu werden Silberpartikel in einer Suspension gelöst und über sog. *charge directors* geladen, um anschließend auf ein selektiv entladenes, latentes Bild auf einem Fotoleiter entwickelt zu werden. Dieser wird allerdings nicht als rotierende Trommel in einem System beschrieben, sondern als Platte, auf der ein Negativ erstellt und anschließend auf das gewünschte Substrat übertragen wird. Dadurch werden Leiterbahnen mit minimalen spez. Widerstandswerten von bis zu 1,7 µΩ cm erreicht, was bereits sehr nahe an reines Silber mit 1,587 µΩ cm heranreicht. Etwa zeitgleich zur Veröffentlichung wurde von einem der Autoren ein Patent angemeldet, das 2004 auch erteilt wurde [Detig 04]. Bei besagtem Patent ist die Anwendung eines rotierenden Fotoleiters ebenfalls eingeschlossen. Die Entwicklung und der Transfer sowie die Charakterisik des Toners unterscheiden sich grundlegend von dem hier vorgestellten Einsatz von trockenem Toner; das gemeinsame Element stellt der Fotoleiter dar, auf dem das Bild entsteht. Insofern besteht hier nur ein eingeschränkter Zusammenhang. Allerdings wird erwähnt, dass ebenfalls großer Aufwand betrieben wurde, um trockenen Toner für die Anwendung zu entwickeln. Dies wurde jedoch wieder verworfen, da dieser „ungewünschte Eigenschaften" hatte und der gesamte Prozess „unangenehm und ineffizient" war. [Kydd 98]

Ebenfalls bereits in den 90er Jahren wurde eine Studie über den Einsatz von EP als Methode zum Verdrucken leitfähiger Partikel am Georgia Institute of Technology durchgeführt [Walker 99]. Die Studie zielt darauf ab, Lötmetall mittels EP zu drucken, um die Nachteile des Schablonendruckes, der in diesem Bereich üblich ist, zu überwinden. Dazu werden auch die mangelnde Flexibilität sowie der Aufwand zur Anfertigung der Schablonen angeführt. Auch wird das Potenzial der EP bezüglich Auflösung, Geschwindigkeit, der durch den Digitaldruck gegebenen geringen Rüstzeiten sowie der Möglichkeit zum schnellen Wechsel der herzustellenden Layouts angeführt. Walker beschäftigt sich sehr grundsätzlich und theoretisch mit den Möglichkeiten der EP. Der elektrofotografische Prozess sowie dessen physikalischen Hintergründe werden allgemein erläutert. Etwas detaillierter werden die Möglichkeiten der Aufladung mittels Ein- oder Zwei-Komponenten-Toner betrachtet sowie gegeneinander abgewogen. Dabei wird auch hier die Notwendigkeit erkannt, bei Zwei-Komponenten-Systemen die im Tonerpartikel dispergierten Metallpartikel vollständig mit einer isolierenden Schicht zu umhüllen, da es ansonsten zu Entladungen käme. Allerdings wird eher ein Ein-Komponenten-System empfohlen, was mit deren Flexibilität bezüglich der verwendeten Materialien begründet wird. Diese resultiert daraus, dass neben der triboelektrischen Aufladung noch die Möglichkeit zur Ladung mittels Induktion bestünde, die auch empfohlen wird, da so auch die direkte Ladung von metallischen Partikeln möglich sei. Zu letzterem werden Versuche zur Möglichkeit der Aufladung angeführt, wobei außer einem prinzipiellen Erfolg keine konkreten Ergebnisse präsentiert werden. Es ist nicht zu erkennen, dass tatsächlich Metalle mit einem Laserdrucker gedruckt oder im Gesamtprozess getestet werden. Dies wird im Ausblick für die weiteren Forschungen lediglich erwähnt. Weiterführende Erkenntnisse über den Erfolg dieser Ansätze sind nicht bekannt.

Ebenfalls sehr grundlegenden Charakter hat eine Studie der North Dakota State University aus dem Jahre 2006 [Wagner 06]. Die Autoren wollen Konzepte der Elektrofotografie nutzen, um ein *direct-write* System zum Druck von leitfähigen und resistiven Pulvern zu entwickeln. Es werden die Vorteile der EP als trockene Methode beschrieben; weiterhin sollen die existierenden Beschränkungen bezüglich Geschwindigkeit und Größe überwunden werden. Durch die Nutzung von Partikelgrößen im Nanobereich sollen beim Druck ebenfalls Auflösungen im Nanobereich erreicht werden. Bei der Überprüfung des Konzeptes selbst wird kein Tonerpulver genutzt, sondern leitfähige und resistive Pulver ohne weitere Behandlung. Dazu werden Tests durchgeführt, bei denen der Druckkopf aus einem konventionellen

Drucker ausgebaut wird. Anschließend erfolgt der Druck von Kupferoxid als Isolator und Nickel als Leiter. Bemerkenswert ist dabei die Kombination von CAD und DAD, indem das eine Material auf die belichteten Areale und das andere auf die nicht belichteten entwickelt wird. Die Entwicklung erfolgt über eine Entwicklungswalze, die vermutlich aus einem Ein-Komponenten-Toner-System stammt. Über diese wird das Pulver aufgeladen und mittels einer anliegenden Spannung auf den Fotoleiter übertragen. Darauf, wie die Auflaadung und die Entwicklung funktionieren, wird nicht weiter eingegangen. Anschließend wird der Einfluss der Fotoleiterladung, der Ladung der Entwicklerwalze sowie des Substrates untersucht. Dabei wird sowohl auf Glas, als auch auf Kapton- oder Mylar-Folie gedruckt. Als Fazit ergibt sich, dass EP ein vielversprechender Ansatz ist um „elektronische Pulver" zu verdrucken. Die grundsätzliche Machbarkeit wird als erwiesen angesehen, wobei Erfolg des Übertrages und Leistungsfähigkeit des Systems nicht weiter beschrieben werden. Ebenfalls findet sich keine Beschreibung der elektrischen Eigenschaften und Funktionsweisen der gedruckten Strukturen.

In ähnlicher Art und Weise hat ein Forscherteam aus England unterschiedliche Methoden untersucht, Kupferleitbahnen für PCBs herzustellen [Jones 11a]. Dabei werden ebenfalls Versuche unternommen, Kupfer mittels EP direkt zu drucken. Als erster Ansatz wird in einem Experiment reines Kupfer in einen kommerziellen Drucker verwendet. Die Erwartung ist, dass durch die Oxidation eine isolierende Schicht entsteht, die eine Triboladung erlaubt. Dies bewahrheitet sich allerdings bei den Experimenten nicht und das Kupfer erwies sich als unbrauchbar. Eine Oberflächenbehandlung der Partikel unter Nutzung von Metalloxid-Nanopartikeln [Banerjee 06] bringt ebenfalls keinen Erfolg. Als Erkenntnis ergibt sich, dass die gecoateten Partikel zusätzlich mit Polymer umhüllt werden müssten, allerdings wird dieser Ansatz mangels Ressourcen nicht weiter verfolgt. Stattdessen entschied man sich für ein Verfahren, mittels eines Lasers die Bahnen aufzuschmelzen und verfolgt die EP nicht weiter.

Thematisch am nächsten zu dieser Studie ist eine Veröffentlichung von Mitarbeitern des TOSHIBA Konzerns aus dem Jahre 2004 [Aoki 04]. Deren Zielsetzung ist es, PCBs herzustellen, in dem man ein Layout aus kupferhaltigem Toner druckt und dieses anschließend mittels Plating mit reinem Kupfer beschichtet. Das Kupfer im Toner dient dabei als Katalysator für das Beschichtungsverfahren. Hintergedanke ist, dass die gedruckten Kupferlinien dabei das für bisherige Verfahren notwendige Sieb ersetzen und dadurch die Struktur der Schaltung vorgegeben wird. Ziel der Forschungen sei es, PCBs günstiger und flexibler produzieren zu können. Hierbei wird hauptsächlich der Kostenfaktor angeführt, aber auch die Problematik der Siebherstellung/-verwendung im Siebdruck. Obwohl dabei nicht direkt Leiterbahnen elektrofotografisch gedruckt werden, wird von Aoki ein Toner verwendet, der ein leitfähiges Metall (Kupfer) enthält. Dabei werden Kupferpartikel in einem hauptsächlich aus Harz bestehenden Toner dispergiert und in einer Zwei-Komponenten-Mischung in herkömmlichen 600 dpi Multifunktionsdruckern für Office-Anwendungen gedruckt. Es werden die Probleme mit dem aus der Dichte des Kupfers resultierenden Einflusses auf die spezifische Ladung q/m erkannt und untersucht. Es gelingt, einen Toner herzustellen, in dem die Kupferpartikel offenbar relativ optimal verteilt sind. Auftretende Schwierigkeiten mit der Ladungsverteilungsverteilung werden durch eine Optimierung der externen Additive sowie einer Veränderung der Eigenschaften des Ferrit-Carriers gelöst, was zu der in **Bild 2.11** gezeigten Verbesserung der Ladungsverteilung führt. Die dafür angewandte Methode wird nicht detailliert veröffentlicht.

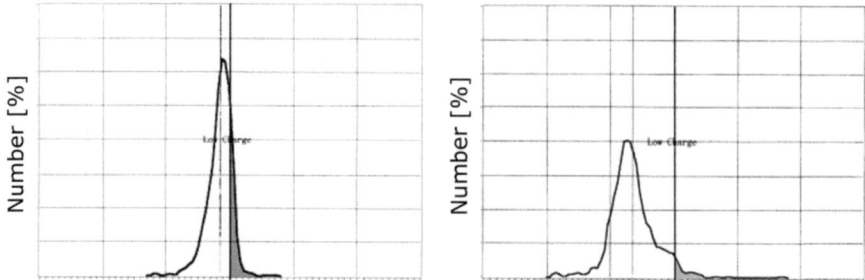

Bild 2.11: Ladungsverteilung des nicht optimierten (links) sowie des optimierten Toners in fC/10 µm (rechts) im Rahmen einer Studie von TOSHIBA, ohne Skalierung der Achsen [Aoki 04]

Weiterhin wird der Kupferanteil im Toner sowie die Art der Partikel (Flakes oder sphärische Partikel) untersucht. Dabei erweisen sich Flakes mit einem Anteil von 50 Gew.-% als optimal, um nach dem späteren Beschichtungsverfahren eine möglichst große Leitfähigkeit zu erreichen. Dadurch gelingt es, akzeptable Kupferlinien zu drucken, die in **Bild 2.12** dargestellt sind.

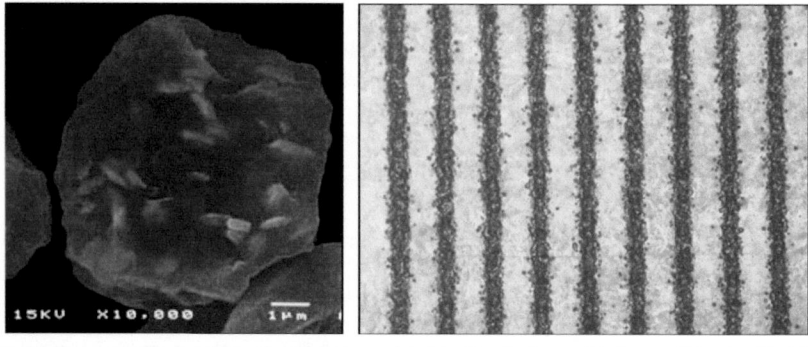

Bild 2.12: Tonerpartikel mit Kupfer (links), gedruckte Kupfertoner-Linien auf Papier [Aoki 04]

Die auf Papier gedruckten Leiterbahnen weisen dabei eine Breite von 120 µm bei einem Abstand von 300 µm auf. Die verwendete Methode ist durch die Firma TOSHIBA patentiert [Aoki 06]. Bei den Ergebnissen ist bemerkenswert, dass trotz der erfolgreichen Methode Leiterbahnen nur in einem indirekten Verfahren gedruckt werden und der direkte Druck von Leiterbahnen nicht betrachtet wird. Weiterhin fällt auf, dass auf die Skalierung der Achsen bei der Ladungsverteilung verzichtet wird.

Zusammenfassend zeigt die Recherche zum Stand der Technik, dass durchaus Interesse besteht und folglich auch Ansätze generiert wurden, um die Elektrofotografie als Methode zum Druck von Elektronik zu nutzen. Die Mehrzahl der Anstrengungen zielt auf die Herstellung von PCBs, was aufgrund deren weiten Verbreitung nachvollziehbar ist. Es existieren aber auch bereits erste Ansätze zum Druck von Dickschichtelementen. Diese gehen auf die Problemstellungen beim Druck von leitfähigen Strukturen ein, für die in keiner der bisherigen Forschungsarbeiten eine zufriedenstellende Lösung präsentiert wird. Dabei lässt sich jedoch Folgendes feststellen:

- Grundsätzlich existiert eine Tendenz, den direkten Druck von Leiterbahnen mittels EP zu vermeiden; stattdessen werden indirekte Methoden, wie beispielsweise der Druck einer haftenden Schicht oder eines Katalysators für Folgeverfahren, die dann die Leiterbahnen ohne Nutzung der EP aufbringen.
- Wenn doch EP genutzt werden soll, um ein leitfähiges Layout zu drucken, wird die Notwendigkeit erkannt, in irgendeiner Weise ein Coating der leitfähigen Partikeln durchzuführen, um diese im Prozess verwenden zu können.

Somit zeigt sich, dass es bisher nicht gelungen ist, leitfähige Strukturen direkt elektrofotografisch zu drucken, so dass sich das nachfolgende Kapitel mit der Überwindung der wesentlichen damit in Verbindung stehenden Problemstellungen beschäftigt.

3 Herstellung und Charakterisierung von Silbertoner

Im Folgenden werden die Besonderheiten erläutert, die entstehen, wenn ein Toner, der ein leitfähiges Metall (in diesem Fall Silber) enthält, im elektrofotografischen Prozess verwendet wird. Dabei werden zuerst die aus der Leitfähigkeit entstehenden Probleme sowie erste Lösungsansätze betrachtet. Anschließend wird eine Modifikation des Herstellungsprozesses vorgestellt, bei der durch ein Coating der Silberpartikel eine wesentliche Verbesserung des Toners erreicht werden kann. Danach erfolgt eine Vorstellung der daraus resultierenden Toner. Weiterhin werden Ansätze zur Qualitätsüberprüfung des Coatings gezeigt und ein abschließendes Fazit beurteilt die gewählten Ansätze.

3.1 Grundsätzliche Herausforderung und vorbereitende Studien

In diesem Abschnitt werden, neben der grundsätzlichen Problematik bei der Nutzung von leitfähigen Partikeln in der EP auch zeitlich bereits vor Beginn dieser Studie gewonnene Erkenntnisse der beteiligten Firma ZEAC dargestellt, die in Auszügen bereits in einem gemeinsamen Konferenzbeitrag veröffentlicht wurden [Büttner 11c].

3.1.1 Anforderungsprofil und Problemstellung

Beim betrachteten Druck von Leiterbahnen als grundlegende Struktur für elektronische Schaltungen ist es essentiell, dass leitfähige Partikel (hier Silber) mittels des elektrofotografischen Prozesses auf ein Substrat aufgebracht werden. Folglich gilt es, leitfähige Partikel in einem Toner zu verarbeiten und diesen mit einem elektrofotografischen Drucker zu drucken. Diese grundlegende Bedingung stellt die größte Herausforderung dar, denn gleich zwei Umstände stehen dieser Methode entgegen.

Zum einen ist die Leitfähigkeit der Partikel kontraproduktiv beim Erzeugen der triboelektrischen Aufladung (Kapitel 2.2.3). Dabei handelt es sich um eine Oberflächenladung, deren Höhe und Polarität entscheidend für die Bewegung der Tonerpartikel durch den elektrofotografischen Prozess ist. Damit diese Ladung entsteht und auch bestehen bleibt, ist es notwendig, dass die verwendeten Oberflächen isolierend sind. Diese Bedingung ist bei den in der konventionellen EP üblichen Materialen gegeben (Kapitel 0), insbesondere bei Polymeren, aus denen ein farbpigmentierter Tonerpartikel hauptsächlich besteht. Werden nun leitfähige Silberpartikel anstelle von Farbpigmenten oder Polymer in den Toner eingearbeitet, fließt die Oberflächenladung der Partikel zumindest teilweise über das Silber ab, sobald sich leitfähige Ketten bilden. Es kommt entweder zu einer Erdung über das Druckergehäuse oder die Ladung fließt direkt auf die Oberfläche der gesamten Tonermasse im Entwickler. Das genaue Verhalten ist nicht erforscht, aber prinzipiell ist es nicht möglich, eine ausreichende, homogene und für den Prozess nutzbare Ladung der Tonerpartikel zu erzeugen [Büttner 11c].

Ein zweites Problemfeld ergibt sich aus den zwischen den einzelnen Elementen des Druckers anliegenden Spannungen (Kapitel 2.1). Insbesondere zwischen Entwicklerstation und OPC entstehen schnell Kurzschlüsse, sobald es zu einer Aneinanderreihung von leitfähigen Partikeln zwischen den Stationen kommt. Dies führt sowohl zu einer Zerstörung des Fotoleiters an der betroffenen Stelle, als auch zu einem Ausfall der Druckerelektronik. Letzeres bewirkt einen Zusammenbruch des Prozesses und ist unbedingt zu vermeiden.

Neben diesen essentiellen Effekten bestehen weitere Herausforderungen. Erwähnenswert ist dabei die Dichte von Silber, die mit 10,49 g/cm^3 ein Vielfaches höher liegt als die von üblichen Polymeren. Folglich ist eine höhere Ladung oder ein stärkeres E-Feld nötig, um silberhaltige Partikel durch den Prozess zu bewegen. Einen weiteren Einfluss auf den Prozess hat in diesem Zusammenhang auch die Auswahl und Bewertung des Carriers, die allerdings im Rahmen dieser Studie nicht betrachtet wird.

Somit lässt sich zusammenfassend feststellen, dass die Leitfähigkeit der Silberpartikel die größte Herausforderung darstellt. Allerdings ist diese Leitfähigkeit für das endgültige Layout eine zwingende Eigenschaft unter der Zielsetzung einer maximalen Leitfähigkeit der resultierenden Struktur. Somit gilt es, den Silberpartikeln in Tonerform für den elektrofotografischen Prozess ihre Leitfähigkeit zu nehmen, um diese anschließend wieder herzustellen.

3.1.2 Verwendete Silberpartikel

Bei den beschriebenen Forschungsarbeiten werden zwei unterschiedliche Arten von Silberpartikeln verwendet: Zum einen wird ein Pulver genutzt, das überwiegend aus Partikeln in Form von Flakes besteht. Diese versprechen aufgrund der Form nach dem Sinterprozess eine hohe Leitfähigkeit. Der zugehörige D_{50}-Durchmesser beträgt 1,12 µm und der D_{90}-Durchmesser 2,73 µm. Die Bestimmung der Partikelgröße erfolgt mit dem Ultraschall-Spektrometer DT1200 von Dispersion Technology Inc. Bei dieser Messmethode wird der Durchmesser von gleichwertigen sphärischen Partikeln angegeben [Dukhin 98]. Somit sind Abweichungen aufgrund der Flake-Form der Partikel möglich. Wenn nachfolgend von Flakes gesprochen wird, ist grundsätzlich dieses Pulver gemeint.

Des Weiteren wird ein Silberpulver mit ausschließlich sphärischen Partikeln genutzt, bei dem der D_{50}-Durchmesser 1,19 µm und der D_{90}-Durchmesser 2,92 µm beträgt. Die o. a. Abweichungen aufgrund der Messmethode sind dabei nicht zu erwarten. Folglich sind beide Partikel in ihrer Größe weitgehend vergleichbar und weichen lediglich in ihrer Form voneinander ab.

3.1.3 Tonerstudien

Ein erster Ansatz zur Realisierung des elektrofotografischen Prozesses trotz Leitfähigkeit der Silberpartikel ist eine Optimierung des Vertonerungsprozesses, so dass eine vollständige Umhüllung des Silbers mit Polymer im Tonerpartikel sichergestellt ist [Büttner 11c]. Dies leitet sich bereits aus den zuvor beschriebenen, grundsätzlichen Betrachtungen zum Einsatz leitfähiger Partikel in einem Zwei-Komponenten-System von Walker ab [Walker 99] (Kapitel 2.3).

Durch die Umhüllung der Silberpartikel mit Polymer bzw. durch deren Bindung im Toner soll eine Isolierung des Silbers erreicht werden, so dass sich die resultierenden Tonerpartikel an der Oberfläche nicht mehr wesentlich von normalen Tonerpartikeln unterscheiden. Somit könnten sie für den elektrofotografischen Prozess genutzt werden. Durch den folgenden Sinterprozess würde das Polymer verbrennen und eine relative reine Silberleiterbahn bliebe auf dem Substrat zurück. Bei der Umsetzung wird zunächst das aus Flakes bestehende Silberpulver verwendet. Obgleich die Vertonerung grundsätzlich funktioniert, zeigt sich, dass eine vollständige Bindung des Silbers im Inneren der Tonerpartikel nicht gelingt. Insbesondere aufgrund ihrer ungünstigen Form stoßen Silberpartikel immer wieder durch die Oberfläche des Toners, wie in **Bild 3.1** zu erkennen ist. Dadurch wird eine Entstehung der zuvor erwähnten, unerwünschten leitfähigen Ketten sehr wahrscheinlich.

Bild 3.1: REM-Aufnahme von Tonerpartikeln, in die Flakes eingearbeitet sind. Das hellere Silber hebt sich optisch von den dunkleren Tonerpartikeln ab [Büttner 11c]

Man kann die durchstoßenden, hellen Silberpartikel deutlich erkennen und es lässt sich vermuten, dass der isolierende Effekt des Polymers nicht die gewünschte Wirkung erreicht. Dies bestätigt sich, wenn man die in **Bild 3.2** dargestellte Ladungsverteilung der resultierenden Toner betrachtet.

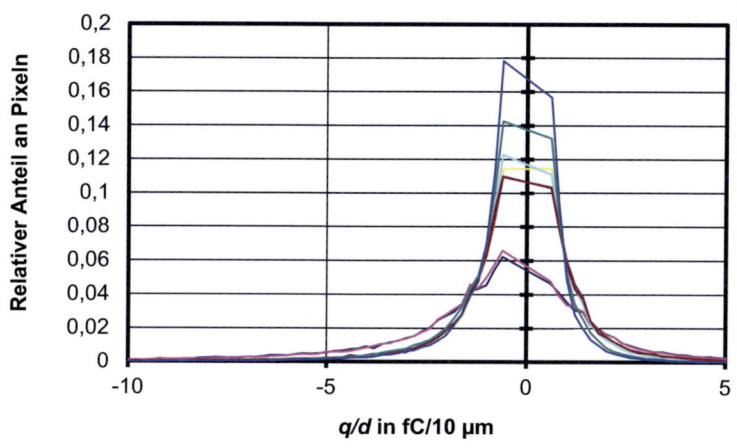

Bild 3.2: Ladungsverteilung von Tonerproben basierend auf Flakes (Einzelmessungen), gemessen mit dem EPPING q-Test [Büttner 11c]

Sämtliche Tonerproben zeigen einen unerwünscht hohen Anteil von positiv geladenem Toner zwischen 35 % und 47 % und demzufolge einen nahezu ausgeglichenen Anteil beider Polaritäten. Es bestätigt sich, dass die weiterhin vorhandene Leitfähigkeit der Silberpartikel die Ladung beeinflusst und eine homogene Aufladung gleicher Polarität auf diese Art und Weise nicht möglich ist. In einem Drucker sind diese Toner nicht nutzbar, da sie massiv aus der Entwicklerstation ausstauben und sich somit kein akzeptables Druckbild erzeugen lässt. Zusammengefasst bleibt der Versuch, aus den Flakes einen Toner herzustellen, erfolglos. Diese „ungewünschten Eigenschaften" in einem „unangenehmen und ineffizienten" Prozess sind vermutlich diejenigen, die Kydd, der ebenfalls Flakes nutzt, in seiner Studie mit diesen Worten beschreibt [Kydd 98].

Erfolgreicher erweisen sich die Versuche mit rein sphärischen Partikeln. Wie in **Bild 3.3** dargestellt, werden die hellen Silberpartikel besser vom Polymer umhüllt und durchbrechen im geringeren Maße die Oberfläche, wodurch die Entstehung von leitfähigen Ketten unwahrscheinlicher wird.

Bild 3.3: REM-Aufnahme des C01 Toners, basierend auf sphärischen Partikeln [Büttner 10]

Die Vertonerung der Partikel ist somit deutlich besser gelungen als die der Flakes. Allerdings sind weiterhin Silberpartikel an der Oberfläche der Tonerpartikel zu erkennen, wodurch weiterhin Defizite des resultierenden Toners zu erwarten sind. Dies bestätigt sich erneut in der in **Bild 3.4** dargestellten Ladungsverteilung.

Dieser Toner, im Folgenden C01 genannt, stellt eine akzeptable erste Versuchsvariante eines Silbertoners dar. Er enthält 68 Gew.-% Silber und sein D_{50}-Durchmesser beträgt 11,7 µm. Allerdings lassen sich aus der Ladungsverteilung bereits Defizite erkennen. So beträgt der mittlere q/d-Wert lediglich -1,15 fC/10 µm und der Anteil positiv geladener Partikel ist mit etwa 18 % unerwünscht hoch. Der relativ kleine Δ_{90}-Wert von 4,2 fC/10 µm täuscht dabei nicht darüber hinweg, dass die Qualität der Aufladung nicht vergleichbar mit hoch entwickelten grafischen Tonern ist (Kapitel 2.2.4).

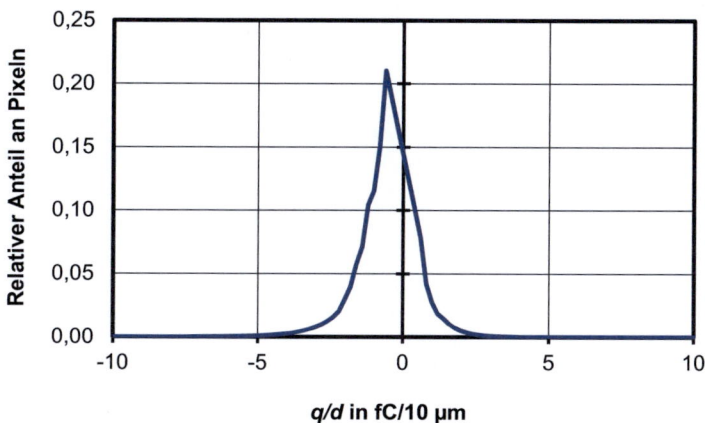

Bild 3.4: Ladungsverteilung C01 Toner, basierend auf sphärischen Partikeln, gemessen mit dem EPPING q-Test (Einzelmessung, 10 Gew.-% Toneranteil im Entwicklergemisch) [Büttner 10]

Es zeigt sich, dass eine ausschließlich durch den Vertonerungsprozess erfolgende Bedeckung der Silberpartikel nicht genügt, um diese ausreichend elektrisch zu isolieren und dadurch eine akzeptable Ladung des Toners zu erzielen.

3.2 Modifizierter Herstellungsprozess

Aus den ersten Ansätzen zur Tonerherstellung mittels Polymer-Umhüllung sowie aus den in Kapitel 2.3 beschriebenen Studien, ist zu folgern, dass bereits vor der Vertonerung eine Behandlung der Silberpartikel erfolgen muss. Ziel dabei ist es, die Partikel mit einem Polymer zu coaten um eine vollständige Bedeckung der Partikel und somit eine ausreichende elektrische Isolierung zu gewährleisten.

Im Gegensatz zu der bereits beschriebenen, chemischen Methode [Ueda 08], wird eine Methode zur mechanischen Dispergierung des Polymers vorgestellt, durch die ein Coating der Partikel erreicht wird. Die daraus entstehenden Silberpasten werden zu Tonern verarbeitet, die im Laufe dieses Kapitels beschrieben werden.

3.2.1 Dispergierung mit dem Dreiwalzenstuhl

Um eine elektrische Isolierung der Silberpartikel zu erreichen, sollte die Oberfläche des Partikels vollständig mit Polymer, in diesem Fall ein in der Tonerproduktion übliches Polyesterharz, bedeckt werden. Dazu werden die Silberpartikel, das in einem Lösungsmittel gelöste Harz sowie einige später beschriebene Additive über Reibwalzen, genauer mittels eines Dreiwalzenstuhls, in einer Paste dispergiert.

Ein Dreiwalzenstuhl besteht im Wesentlichen aus drei hintereinander angeordneten Metall- oder Kunststoffzylindern. Der mittlere ist starr gelagert; die beiden äußeren werden mit einem Druck von bis zu 1000 bar an die Mittelwalze gedrückt. Durch unterschiedliche

Rotationsgeschwindigkeiten der einzelnen Walzen können in den engen Spalten zwischen den Walzen durch viskose Flüssigkeiten hohe Scherkräfte übertragen werden. Ein Drehzahlverhältnis von 1:3:9 führt zu den besten und wirtschaftlichsten Dispergierergebnissen [Goldschmidt 02].

Dabei sind die verwendeten Partikel im Lösungsmittel vorzudispergieren, in den meisten Anwendungsfällen reicht dabei ein einfaches Zusammenführen und Verrühren per Hand. Die entstehende Paste wird anschließend zwischen die ersten beiden Walzen gegeben und durch die Adhäsion an der Walzenwandung in den Walzenspalt eingezogen. Aufgrund der Schubspannungen in Strömungsrichtung und des sich verringernden Walzenabstands baut sich zusätzlich zur Scherbeanspruchung ein die Dispergierung fördernder Druck auf. Dieser äußere Druck führt auch zu einer Druckerhöhung im Inneren der möglicherweise noch Luft enthaltenden Agglomerate und unterstützt die Zerkleinerungsvorgänge. Die Breite und Höhe des Druckprofils hängt vom Durchmesser der Walzen und der Viskosität der Paste ab. Es ist umso enger, je dünnflüssiger die Paste und je kleiner der Walzendurchmesser ist. Unterstützt wird die Wirkung durch die Scherung des Materials, hervorgerufen durch die unterschiedlichen Walzengeschwindigkeiten. Wie in **Bild 3.5** zu sehen, liegt kurz vor der engsten Stelle des Walzenspaltes das Druckmaximum. Diesem folgt unmittelbar danach eine Unterdruckzone, so dass ein plötzlicher Druckabfall eine förderliche Partikelbenetzung herbeiführt [Goldschmidt 02]. Letzteres sorgt dafür, dass die im Lösungsmittel gelösten Harzpartikel die Silberpartikeln benetzen und stellt somit die Grundlage des Coatings der Partikel dar.

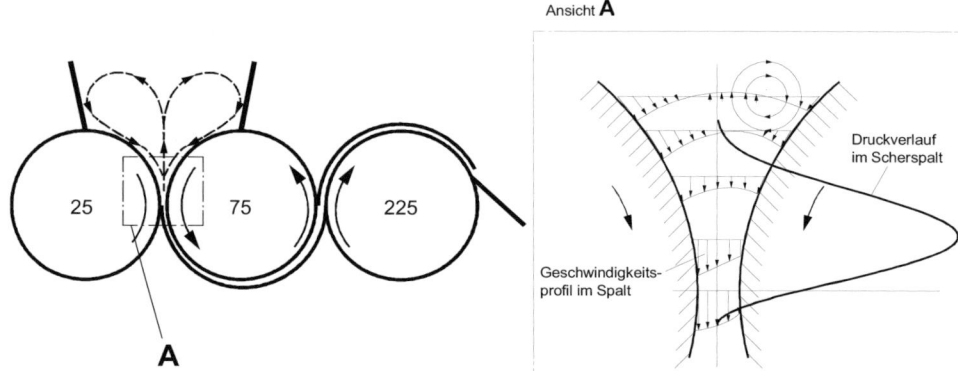

Bild 3.5: Schema eines Dreiwalzenstuhls mit Druckverlauf im Spalt, die Zahlen in den Walzen sind Beispiele für Umdrehungsgeschwindigkeiten [Goldschmidt 02]

Am Austritt aus dem Walzenspalt wird dann das Mahlgut getrennt auf beide Walzen im Verhältnis der Drehzahlen verteilt. Beim Drehzahlverhältnis von 1:3 wird dann auch entsprechend viel Material auf die zweite Walze übertragen. Identische Vorgänge finden auch zwischen der zweiten und der dritten Walze statt. Die an der dritten Walze anhaftende dispergierte Paste wird anschließend mit einem Abstreifmesser von der Walze abgenommen und in einen Vorratsbehälter überführt [Goldschmidt 02].

Diese Methode lässt eine hohe Qualität der Dispergierung erwarten [Lin 08] und wurde bereits für die Herstellung von Pasten als Grundlage für Inkjet-Tinten genutzt [Waßmer 09] [Diel 09]. Die gute Dispergierung ist für das hier angestrebte Ziel förderlich, da die Agglomerate aufgebrochen werden und die Silberpartikel somit nahezu vollständig im Lösungsmittel dispergiert sind. Für den neuen Ansatz, die Methode zum mechanischen Coating der elektrisch leitfähigen Partikeln zu nutzen, ist vor allem der oben beschriebene Benetzungseffekt hilfreich.

Im Rahmen dieser Studie wird ein Dreiwalzwerk der Exakt GmbH, Modell 80E, genutzt, das über drei Keramik-Walzen aus Zirkonoxid (ZrO_2) verfügt. Der Spalt zwischen den Walzen sowie die Walzengeschwindigkeit sind einstellbar; die Walzen haben eine Durchmesser von 80 mm und drehen sich im erwähnten optimalen Drehzahlverhältnis von 1:3:9 [Exakt 07].

Die Versuche zur Dispergierung der Silberpartikel in diesem Dreiwalzwerk lassen sich ohne nennenswerte Komplikationen durchführen. Teilweise muss über eine Variation des Lösungsmittelanteils die Viskosität der Paste eingestellt werden, bzw. es muss dafür gesorgt werden, dass ein ausreichend hoher Flüssigkeitsanteil vorhanden ist, so dass überhaupt eine Paste entsteht und kein pulverförmiger Anteil den Prozess erschwert. Die Pasten werden mehrfach durch den Dreiwalzenstuhl geführt, wobei der Abstand zwischen den Walzen ständig verringert wird, bis eine Spaltbreite von 5 µm bei einer Drehzahl von 150 min^{-1} (schnellste Walze) erreicht ist. Anschließend wird die Drehzahl teilweise noch auf bis zu 600 min^{-1} erhöht.

Bild 3.6: REM-Aufnahmen von getrockneten, mit Harz benetzten Silber-Flakes (Rückstreuelektronenkontrast)

Ziel des Prozesses ist es, durch den Druck und die Scherkräfte Agglomerate von Silberpartikeln aufzubrechen und diese möglichst gut innerhalb der Paste zu dispergieren. Zusätzlich gilt es, die Konzentration der Harzmoleküle innerhalb der Paste zu homogenisieren. Unterstützt durch den erwähnten Benetzungseffekt sollte so gewährleistet sein, dass die Silberpartikel möglichst vollständig mit Polymer bedeckt sind. Anschließend wird die Paste unter Zuführung von Wärme getrocknet, damit das Lösungsmittel verdunstet. Die Harzmoleküle bleiben dabei im Idealfall durch Adhäsion auf den Silberpartikeln haften, so dass die Silberpartikel möglichst vollständig gecoatet sind. Erste Versuche zeigten, wie in **Bild 3.6** zu sehen, dass der erwartete Effekt durchaus eintritt und dass tatsächlich eine Beschichtung der Silberpartikel mit Polyesterharz erfolgt.

Somit ist ein grundlegender Erfolg der Methode festzustellen, allerdings gilt es im Folgenden zu überprüfen, welche Auswirkungen dies auf resultierende Silbertoner hat.

3.2.2 Vertonerung

Die Vertonerung erfolgte durch ZEAC in der Schweiz. Dabei wurde der Toner grundsätzlich nach den hier beschriebenen Verfahren hergestellt (Kapitel 2.2.2). Erwähnenswert ist, dass die Vertonerung weitgehend identisch zu den bereits weiter oben beschriebenen Tonerstudien und somit ähnlich zu dem bereits verwendeten Silbertoner C01 erfolgt.

Im Gegensatz zur Methode von Ueda [Ueda 08] werden hier allerdings nicht die Partikel direkt vertonert, sondern sie werden in einen Tonerteig eingemischt. Dieser wird anschließend extrudiert und gemahlen, so dass die gecoateten Silberpartikel in ein überwiegend aus Polymer bestehenden Tonerpartikel eingebunden sind. Diese Vorgehensweise ist identisch mit bei den Vorversuchen (Kapitel 3.1.3) und die Tonerpartikel ähneln den in Bild 3.1 und Bild 3.3 gezeigten.

Als Polymer wird das gleiche Polyesterharz verwendet, das bereits beim Coating der Tonerpartikel genutzt wird. Dies ist notwendig um die CCA und das Wachs zusammen mit den Silberpartikeln darin zu lösen und verarbeiten zu können. Als Wachs wird Polypropylen genutzt und als Oberflächenadditiv Kieselsäure.

3.2.3 Beschreibung der Silbertoner

Zur Beschreibung der unter Anwendung der o. a. Methoden entstandenen Toner, die in dieser Studie zur Anwendung kommen, bietet sich einmal die Zusammensetzung und Behandlung der Paste, aber vor allem auch die Qualität und Ladungsverteilung des resultierenden Tonergemisches an. Als Carrier diente wieder der Standardcarrier des Druckerherstellers, der für die gesamte Studie verwendet wurde. Der Anteil der Tonerpartikel am Gemisch beträgt bei den folgenden Tonern 10 Gew.-%.

Nach ersten Versuchen mit der Beschichtung der Partikel werden zunächst die Flakes erneut betrachtet. Dazu wird Polyesterharz in Diethylenglykoldibutylether (DEGBE) gelöst und anschließend mit den Silberpartikeln vordispergiert. Um eine Verbindung der gedruckten Silberleiterbahnen mit dem Substrat, d. h. mit der verwendeten Keramik, zu ermöglich wird zusätzlich eine Glasfritte beigemischt. Eine Übersicht über die Zusammensetzung aller im Rahmen dieser Studie verwendeten Toner findet sich in **Tabelle 3.1** am Ende dieses Kapitels.

Die vordispergierte Paste wird anschließend im Dreiwalzenstuhl nach den zuvor beschriebenen Grundsätzen dispergiert und unter Wärmezuführung in einem Ofen getrocknet, so dass das Lösungsmittel verdampfen kann. Die getrocknete Paste wird anschließend zum Toner **C02** verarbeitet, dessen Ladungsverteilung in **Bild 3.7** zu sehen ist.

Das dargestellte Ergebnis ist äußerst bemerkenswert, wenn man es mit der in Bild 3.2 dargestellten Ladungsverteilung der bisherigen Versuche, aus diesen Partikeln einen Toner herzustellen, vergleicht. Im Gegensatz zu den nahezu ausgeglichenen Polaritäten zuvor ist hier eine eindeutig negative Ladung des Toners zu erkennen; der Anteil positiver Partikel beträgt lediglich 2 % statt zuvor zwischen 37 % und 45 %. Die Höhe des Peaks und das damit verbundene, niedrige Δ_{90} belegen weiterhin eine weitgehend homogene Ladungsverteilung innerhalb des Tonergemisches. Gelang es aus den bereits erläuterten Gründen bisher nicht, aus diesen Partikeln einen akzeptablen Toner herzustellen, ist hier eine Ladungsverteilung zu erkennen, die auf eine relativ gute Verdruckbarkeit des Toners schließen lässt, die sich auch im weiteren Verlauf dieser Studie bestätigt. Somit lässt sich bereits jetzt feststellen, dass die oben beschriebene Methode zum Coating der Silberpartikel für deutlich bessere Ergebnisse bei der Vertonerung sorgt.

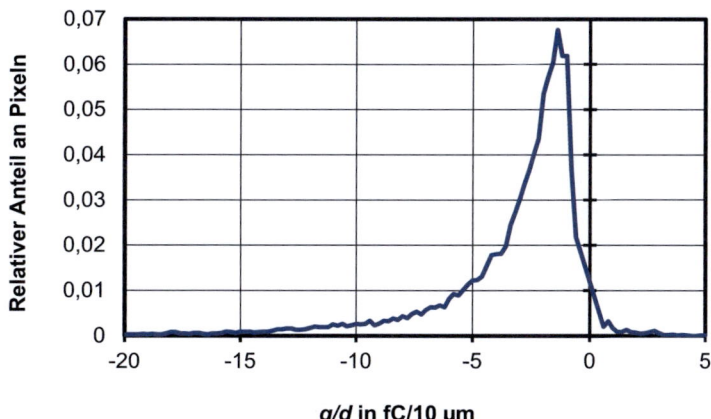

Bild 3.7: Ladungsverteilung Toner C02, basierend auf Flakes (Einzelmessung, mittlerer q/d-Wert -3,6 fC/10 µm, Anteil positiv geladener Partikel ~2 %, Δ_{90}=10,2 fC/10 µm) [Büttner 11a]

Aufgrund der Erfolge bei den Flakes ergibt sich die Herstellung eines Toners aus gecoateten sphärischen Partikeln als folgerichtiger nächster Schritt. Dazu werden die Partikel, die bereits die Grundlage für den Toner C01 darstellen, ebenfalls in eine Lösung aus DEGBE und Polyesterharz dispergiert. Der Harzanteil wurde dabei im Vergleich zum C02 noch erhöht, um die Qualität des Coatings weiter zu verbessern.

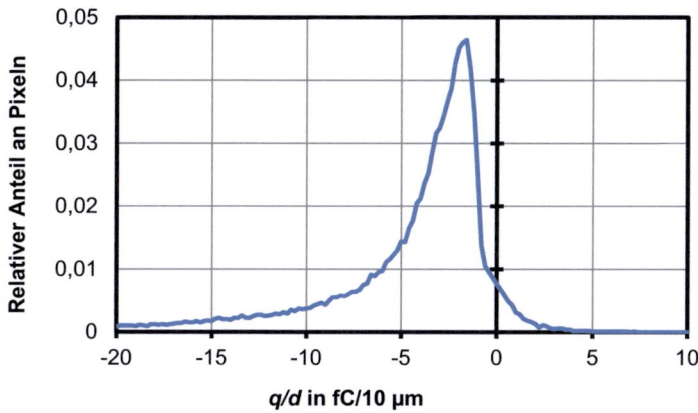

Bild 3.8: Ladungsverteilung Toner C03, basierend auf sphärischen Partikeln (Einzelmessung, mittlerer q/d-Wert -5,0 fC/10 µm, Anteil positiv geladener Partikel maximal 3,3 %, Δ_{90}=15,4 fC/10 µm) [Büttner 11c]

Des Weiteren wird statt der bisherigen Glasfritte ein für die Anwendung auf LTCC-Folien optimiertes Borsilikatglas beigemischt, das bereits im Patent der Murata Company erwähnt wird [Kamada 01]; zugleich erfolgt eine Erhöhung dessen prozentualen Anteils an der Paste. Auch diese Paste wurde getrocknet und anschließend zum Toner C03 verarbeitet, dessen Ladungsverteilung in **Bild 3.8** dargestellt ist.

Erneut zeigt sich eine deutlich verbesserte Ladungsverteilung als beim Toner C01, der auf den gleichen Partikeln basiert (siehe Bild 3.4). Der Anteil von Partikeln mit falscher Ladung liegt deutlich niedriger (von ca. 18 % auf maximal 3,3 %), der mittlere q/d-Wert kann sowohl im Vergleich zum C01, aber auch noch im Vergleich zum C02, weiter gesteigert werden.

Um weiterhin eine Aussage über den Einfluss der Art der Partikel treffen zu können, wurde der auf Flakes basierende Toner C04 entwickelt, dessen Ladungsverteilung in **Bild 3.9** zu sehen ist. Er ist, bis auf die Form der Partikel, identisch mit C03. Ebenfalls ist hier auch das Borsilikatglas beigemischt.

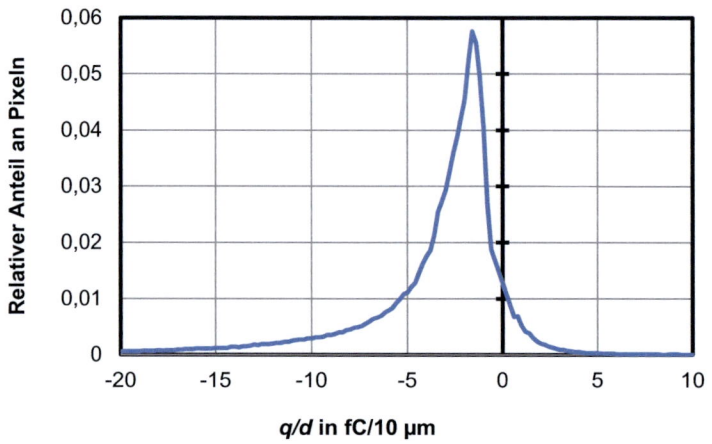

Bild 3.9: Ladungsverteilung Toner C04, basierend auf Flakes (Messung gemittelt aus drei Einzelmessungen, mittlerer q/d-Wert -4,5 fC/10 µm, Anteil positiv geladener Partikel 5,2 %, Δ_{90}=15,4 fC/10 µm) [Büttner 12]

Der Toner C04 zeigt im Vergleich zum Toner C02 ein verbessertes Ladungsverhalten, was vermutlich auf den erhöhten Harzanteil zurückzuführen ist und sich im höheren mittleren q/d-Wert niederschlägt. Dabei ist bei C04 allerdings ebenfalls ein höherer Anteil von positiv geladenen Partikeln festzustellen. Weiterhin erreichen die Kenndaten nicht die Qualität des auf sphärische Partikeln basierenden Toners C03. Dessen mittlerer q/d-Wert ist betragsmäßig um 0,5 fC/10 µm höher, und sein Anteil positiv geladener Partikel um fast 2 % niedriger. Alle Toner weisen eine relativ homogene Aufladung auf, wie anhand der Δ_{90}-Werte erkennbar ist. Um die Auswirkungen dieser Unterschiede bewerten zu können, sind zunächst die Druckergebnisse der Toner abzuwarten. Im Vergleich zum Standardfarbtoner zeigen die Silbertoner C02, C03 und C04 generell eine homogenere Aufladung (niedrigere Δ_{90}-Werte) mit z. T. niedrigerem Anteil an positiv geladenen Partikeln, jedoch reicht die Höhe der Aufladung nicht an den Schwarztoner heran, wie die mittleren q/d-Werte zeigen.

Es zeichnet sich jedoch ab, dass das beschriebene Verfahren zum Coating der Silberpartikel erfolgreich ist, wenn es darum geht, die Eigenschaften von Silbertoner im elektrofotografischen Druck zu verbessern. Dies gilt es im weiteren Verlauf, anhand von Druckergebnissen zu bestätigen. Zum Abschluss dieses Kapitels gibt **Tabelle 3.1** einen Überblick über die Zusammensetzung und die wesentlichen Kenndaten aller bisher besprochen Toner.

Tabelle 3.1: Übersicht über die im Rahmen dieser Studie angewendeten Toner. Angaben in Gew.-%, sofern nicht anders gekennzeichnet. B kennzeichnet den verwendeten Schwarztoner.

Name	B	C01	C02		C03		C04	
Zustand			Paste	Getr.	Paste	Getr.	Paste	Getr.
Silber			$83,9^A$	$89,3^A$	$79,6^B$	$85,5^B$	$79,6^A$	$85,5^A$
Harz			8,4	8,9	9,6	10,3	9,6	10,3
Glas			1,7	1,8	$4,0^C$	$4,3^C$	$4,0^C$	$4,3^C$
DEGBE			6,0	0	6,8	0	6,8	0
Anteile am resultierenden Toner								
Pastenanteil				78		78		78
Silber-/Rußanteil	5	65^B		69^A		67^B		67^A
Polyester	90	28		19		19		19
CCA	2	3		2		2		2
Wachs^D	3	4		1		1		1
Beschichtung^E	1,5	1		1		1		1
Tonercharakterisierung								
D_{50} in µm	10,5	11,7		11,5		10,4		10,5
q/d in fC/10 µm	-6,67	-1,15		-3,6		-5,0		-4,5
Anteil positiv	4,0 %	18 %		~2,0 %		1,7 – 3,3 %		5,2 %
Δ_{90} in fC/10 µm	18,2	4,2		10,2		15,4		15,2

[A] Flakes
[B] Sphärische Partikel
[C] Borsilikat-Glas
[D] Polypropylen
[E] Oberflächenadditive, Prozentangabe stellt nicht den Anteil am Toner dar, sondern die zusätzlich aufgebrachten Menge bezogen auf das vorherige Zwischenprodukt

3.3 Prozessbegleitende Charakterisierung

Die bisher erfolgreichen Ansätze beim Coating und die erzielten Verbesserungen des Ladungsverhaltens lassen auf ein erhebliches Potenzial schließen, durch Variation bzw. Optimierung des Verfahrens die Qualität des Toners weiter zu erhöhen. Dabei ergibt sich eine Problemstellung, die Versuche zur Weiterentwicklung des Verfahrens erschwert: Die Güte des Verfahrens kann bisher nur über die Bewertung der Qualität des resultierenden Toners evaluiert werden. Dies im großen Umfang durchzuführen ist allerdings mit Nachteilen behaftet. Mit üblichen Mitteln ist eine Masse von ca. einem Kilogramm der Inhaltsstoffe nötig, um einen Toner herzustellen. Dies stellt, je nach Anzahl der Muster, einen relativ hohen Aufwand dar. Geringere Mengen sind nicht unbedingt zweckmäßig, da zusätzlich zur Analyse der Ladungseigenschaften auch eine ergänzende Analyse der Druckergebnisse sinnvoll ist (Kapitel 2.2.4).

Infolgedessen entsteht u. a. durch den hohen Rohstoffpreis von Silber, aber auch durch den aufwändigen Vertonerungsprozess sowie die Notwendigkeit zu weiteren Untersuchungen eine erhebliche Bindung von Ressourcen. Um dennoch die Qualität des Coatings beurteilen zu können, werden im Folgenden Ansätze vorgestellt, wie eine derartige Evaluation direkt am Zwischenprodukt Paste erfolgreich sein könnte. Dazu werden neben einer visuellen Auswertung vor allem die Möglichkeiten betrachtet, über die elektrischen Eigenschaften sowohl der lösungsmittelhaltigen als auch der getrockneten Paste Rückschlüsse zu ziehen.

3.3.1 Rasterelektronenmikroskop

Bereits zuvor wurden REM-Aufnahmen genutzt, um zu zeigen, dass Silberpartikel mit Harz bedeckt sind. Es ist durchaus möglich, anhand der unterschiedlichen Struktur der Silberpartikel im Vergleich zum Polymer die Benetzung der Partikel zu erkennen. So hebt sich auch im als Beispiel gezeigten **Bild 3.10** die glatte Oberfläche des nicht bedeckten Silbers erkennbar von den strukturierten Polymerpartikeln ab.

Bild 3.10: REM-Aufnahmen mit Harz gecoateter Silberflakes (links Rückstreuelektronenkontrast, rechts Sekundärelektronenkontrast)

Die Aufnahmen sind dabei durchaus als Beleg für den Erfolg des Coatings zu betrachten und stellen eine brauchbare visuelle Bewertungsmethode dar. Sie liefern dabei jedoch lediglich einen qualitativen Eindruck über die Applizierung des Coatings, quantitative Aussagen und somit eine Bewertung der Güte des Coatings lassen sich daraus nicht ableiten. Um dies zu erreichen ist, eine Auswertung der Bilder mittels digitaler Bildverarbeitung denkbar; hier bestünde weiterer Forschungsbedarf. Dabei ist, genau wie bei der visuellen Beurteilung zu bedenken, dass dadurch lediglich die Auswertung einer Stichprobe möglich ist.

3.3.2 Untersuchung der elektrischen Eigenschaften von Silberpasten

Das Primärziel des Coatings ist die elektrische Isolierung der Silberpartikel, so dass es nicht zu einem Stromfluss oder einer Ladungsverschiebung während der Entwicklung des Toners kommt. Somit liegt es nahe, die Qualität der Isolierung über die elektrischen Eigenschaften zu bestimmen. Als erstes soll dabei die im Dreiwalzenstuhl entstehende Silberpaste untersucht werden.

In einem ersten, einfachen Versuchsaufbau wird eine Paste mit in Ethylenglykolmonobutylether dispergierten Silberpartikeln im Größenbereich von 300 nm untersucht (Feststoffanteil 88,8 Gew.-%). Dabei werden an in die Paste getauchten Nadeln jeweils 30 Messungen des elektrischen Widerstandes (Gleichstromwiderstand) durchgeführt. Anschließend wird die Paste in mehreren Schritten verdünnt und jeweils vermessen. Die Ergebnisse sind in **Bild 3.11** dargestellt.

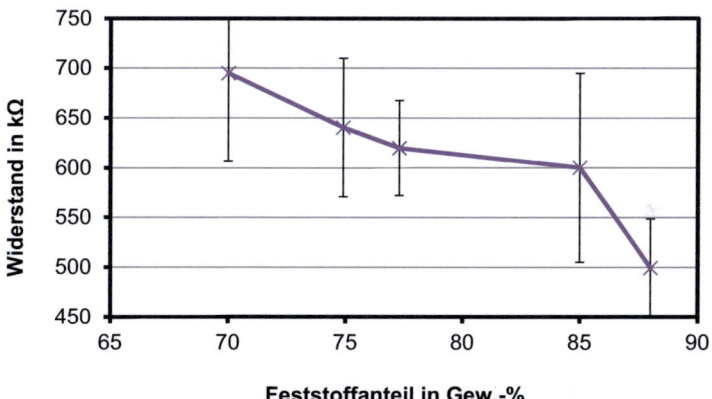

Bild 3.11: Gleichstromwiderstand unterschiedlich stark verdünnter Silberpaste; Mittelwert von 30 Messwerten; Fehlerbalken repräsentiert Standardabweichung

Dabei zeigt sich, dass es einen Zusammenhang zwischen der Formulierung der Paste und deren elektrischen Eigenschaften gibt. Mit steigendem Feststoffanteil sinkt der Widerstand und dadurch steigt die Leitfähigkeit, was aufgrund des höheren Anteils der leitfähigen Silberpartikel schlüssig erklärbar ist. Des Weiteren zeigt sich, dass der Anteil des Lösungsmittels einen Einfluss auf die elektrischen Eigenschaften hat. Dies ist unter zwei Aspekten problematisch: Erstens ist das Lösungsmittel lediglich für den Dispergierprozess im Dreiwalzenstuhl nötig; die Paste stellt nur ein Zwischenprodukt dar (Kapitel 3.2). Es hat eine wichtige Funktion während des Coatens, allerdings wird die Paste anschließend getrocknet und infolgedessen das Lösungsmittel entfernt. Somit beeinflusst ein Bestandteil die Messung, der im Endprodukt nicht mehr vorkommt. Dies stellt folglich die Aussagekraft der Messungen für die Qualität des Toners in Frage.

Zweitens besteht das Problem, dass viele Lösungsmittel sehr flüchtig sind. Somit muss sichergestellt werden, dass der Feststoffanteil im Zeitverlauf der Messungen kontrolliert und konstant gehalten wird. Um den Einfluss dieses Faktors abschätzen zu können, wird der Feststoffgehalt verschiedener Silberpasten zu einem Referenzzeitpunkt bestimmt und anschließend nach einem Tag erneut gemessen. Die Ergebnisse sind in **Tabelle 3.2** dargestellt.

Dazu wird von jeweils drei Proben das Lösungsmittel unter Zuführung von Wärme entfernt und das Produkt abgewogen. Bei der Ag/Ter-Paste handelt es sich um eine Silberpaste, bei der Terpeniol als Lösungsmittel genutzt wurde. Bei diesem bei Raumtemperatur relativ flüchtigen Stoff zeigt sich eine erhebliche Veränderung innerhalb des Zeitraums. Alle anderen Pasten, die auf DEGBE basieren, erweisen sich als stabil. Folglich lässt sich die Problematik der Verflüchtigung im Rahmen dieser Studie vernachlässigen, muss allerdings bei grundsätzlicher Bewertung der Methode beachtet werden.

Tabelle 3.2: Veränderung des Feststoffanteils von Silberpasten im Verlauf eines Tag bei Raumtemperatur

Paste	Feststoffanteil Referenzzeitpunkt	Feststoffanteil einen Tag später
Ag/Ter	76,7 %	78,5 %
Ag/DEGDBE	90,0 %	89,9 %
Ag/DEGBE/Harz	87,3 %	87,5 %
C02	86,4 %	86,4 %
C03	83,4 %	83,5 %

Weiterhin auffällig bei der Widerstandsmessung ist die hohe Streuung der Messwerte, die in der großen Standardabweichung dokumentiert ist. Dies lässt auf Defizite im Versuchsaufbau schließen, die einen verbesserten Messaufbau erforderlich machen. Dieser ist in **Bild 3.12** dargestellt.

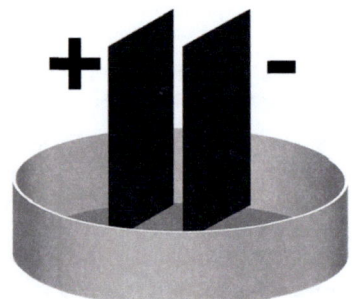 

Bild 3.12: Versuchsaufbau zur Messung der elektrischen Eigenschaften der Silberpasten (links), Beispiel für eine Silberpaste in der Glasschale (rechts)

Um die Messungen vergleichbar zu machen, wird das Volumen der zu vermessenden Paste über das verwendete Gefäß normiert. Dazu werden Glasschalen mit einem Durchmesser von 28,5 mm und einer Tiefe von 10 mm verwendet. Die vollständige Füllung des Gefäßes und die Glättung der Oberfläche der Paste sorgen für vergleichbare Messungen. In diesen Schalen werden zwei Platten aus Edelstahl mit einer Breite 10,5 mm, die sich in einem Abstand von 5 mm befinden, eingeführt. Über eine mechanische Arretierung wird sichergestellt, dass Eindringtiefe und Position identisch bleiben. Die Platten werden mit dem Sourcetronic ST 2826 LCR Meter zur Messung elektrischer Eigenschaften verbunden.

Dabei wird ein erweitertes Modell der Paste zugrundegelegt, da die reine Betrachtung des ohmschen Widerstandes bei gecoateten Partikeln nicht ausreicht. Der ohmsche Anteil resultiert aus den sich berührenden Silberpartikel, die innerhalb der Paste dispergiert sind. Weiterhin wird das Modell der Paste um eine parallel geschaltete Kapazität erweitert, so dass sowohl der ohmsche Widerstand der Parallelschaltung R_P als auch deren Kapazität C_P als Messergebnisse erfasst werden. Bei einem erfolgreichen Coating wird o. a. Stromfluss weitgehend reduziert. Die von Polymer umhüllten und vom Lösungsmittel getrennten Silberpartikel lassen sich als Elementar-Kondensatoren modellieren, deren Aneinanderreihung wie eine einzige Kapazität betrachtet werden kann. Bei diesem Modell ist somit eine Wechselstrommessung erforderlich. Die Ergebnisse einer Messreihe zur Evaluierung der Messmethode ist in **Bild 3.13** zu sehen.

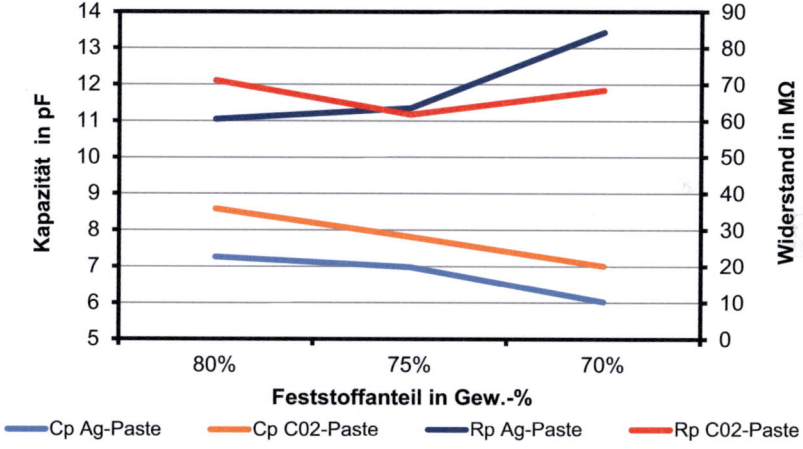

Bild 3.13: Wechselstrommessung von Kapazität und Widerstand (Parallelschaltung) zweier Silberpasten bei unterschiedlichem Feststoffgehalt (Frequenz: 1 kHz)

Bei der Ag-Paste handelt es sich um Silber-Flakes mit Harz in DEGBE gelöst. Die C02-Paste bezeichnet die Paste, die die Grundlage für den gleichnamigen Toner bildet. Jeder Messpunkt repräsentiert jeweils zehn Messungen, zwischen denen die Paste durch Rühren homogenisiert wird. Auf Fehlerbalken wird verzichtet, da die Standardabweichungen derart klein sind (< 3 %), dass sie in der grafischen Darstellung nicht zu erkennen sind. Dies zeigt, dass die Messmethode stabile und reproduzierbare Messwerte liefert. Zusätzlich wurden Vergleichsmessungen an unterschiedlichen Positionen innerhalb der mit Paste gefüllten

Glasschale durchgeführt, die zeigen, dass aufgrund des Messaufbaus schwerlich vermeidbare, kleinere Abweichungen der Messposition keinen Einfluss auf das Messergebnis haben.

Die Betrachtung des ohmschen Widerstands und somit des Einflusses des Lösungsmittels auf den Widerstand liefert ein eher diffuses Bild. Beim Messwert der C02-Paste mit 80 Gew.-% Feststoffanteil handelt es sich nicht um einen Ausreißer, was sich am Messwert originaler C02-Paste mit 83,9 Gew.-% Silberanteil zeigt, der oberhalb des Messbereichs von 100 MΩ liegt. Geht man davon aus, dass das Lösungsmittel einen starken Isolator darstellt, scheinen sich der Einfluss des Harzanteils sowie des Lösungsmittels auf den elektrischen Widerstand zu beeinflussen. Eine sinkende Kapazität ist deutlicher zu erkennen, was sich auch durch einen Wert von 9,5 pF bei reiner C02-Paste bestätigen lässt. Dies ließe sich auch auf den größeren Abstand zwischen den Silberpartikeln zurückführen. Eine Aussage über die Qualität der Dispergierung bzw. des Coatings ist jedoch auch mit diesen Erkenntnissen weiterhin schwer zu formulieren.

Um diesen Zusammenhang zwischen den Messwerten und der Dispergierung herstellen zu können, werden in der in **Bild 3.14** dargestellten Messreihe Pasten mit unterschiedlichem Harzanteil vermessen. Dabei werden Silber-Flakes verwendet und der Harzanteil in den angegebenen Schritten gesteigert. Als Lösungsmittel kommt erneut DEGBE zum Einsatz.

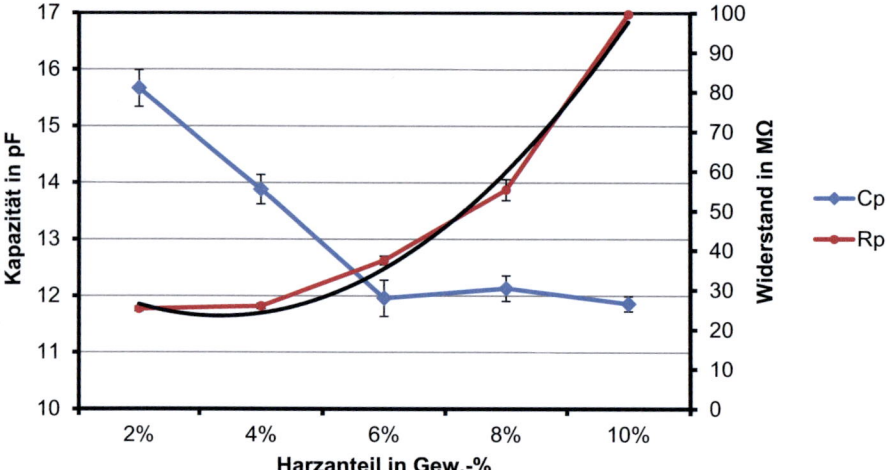

Bild 3.14: Kapazität und ohmscher Widerstand bei Wechselstrommessung von C_P und R_P bei unterschiedlichem Harzanteil (Frequenz: 1 kHz)

Dabei ist zu beachten, dass der Anteil des Lösungsmittels jeweils angepasst werden muss, um eine Verarbeitung der Partikel im Dreiwalzwerk zu ermöglichen. Als Bemessungsgrundlage dient der Ansatz, dass unter Berücksichtigung der unterschiedlichen Dichten das gemeinsame Volumen von Lösungsmittel und Harz bei allen Pasten konstant bleibt, d. h. der Lösungsmittelanteil sinkt proportional zur Steigerung des Harzanteils.

Der Interpretation der Messwerte liegt die Annahme zugrunde, dass die Güte des Partikel-Coatings mit steigendem Harzanteil zunimmt, da mit größerem Harzanteil immer mehr Harzpartikel zur Verfügung stehen, die die Oberfläche der Silberpartikel benetzten können.

Unter dieser Voraussetzung zeigt sich eine deutliche Tendenz der Messwerte. Die Kapazität sinkt linear, bis sie auf konstantem Niveau stagniert. Weiterhin steigt der Widerstand mit höherem Harzanteil deutlich an. Es lässt sich anhand der eingezeichneten Regressionsfunktion

$$f(x) = 6{,}68x^2 + 22{,}25x + 42{,}06 \tag{3.1}$$

ein quadratischer Anstieg mit einem Bestimmtheitsmaß von 0,9914 zugrundelegen. Allerdings ist anzumerken, dass die Messwerte bei 10 % Harzanteil sehr nah am Ende des Messbereichs des LCR-Meters liegen, teilweise sogar darüber, so dass eine eindeutige Messung nicht durchführbar ist.

Bestätigt wird dieser Trend durch den in **Tabelle 3.3** gezeigten Vergleich der Messwerte einer Paste vor und nach der Dispergierung im Dreiwalzwerk. Aufgrund der in Kapitel 3.2 beschriebenen Ergebnisse lässt sich feststellen, dass der Prozess im Dreiwalzwerk einen erheblichen Einfluss auf das Coating der Silberpartikel hat. Dies sorgt bei beiden Pasten für eine sinkende Kapazität. Bei den Flakes ergibt sich eine deutliche Steigerung des Widerstandes, während dieser bei rein sphärischen Partikeln konstant bleibt.

Tabelle 3.3: Veränderung der elektrischen Messwerte von Silberpaste (Lösungsmittel: DEGBE) vor und nach Dispergierung mit dem Dreiwalzenstuhl

Silberpartikel	Anteil Silber	Anteil Harz	Messwerte vor Dispergierung		Messwerte nach Dispergierung	
Flakes	87 %	5,4 %	C_P	18,1 pF	C_P	9,8 pF
			R_P	32,5 MΩ	R_P	72,9 MΩ
Sphärische Partikel	87 %	5,2 %	C_P	15,7 pF	C_P	11,8 pF
			R_P	73,2 MΩ	R_P	72,4 MΩ

Ergänzend zu den präsentierten Messwerten lässt sich grundsätzlich beobachten, dass Pasten auf Basis sphärischer Silberpartikel bei identischer Zusammensetzung einen höheren Widerstand aufweisen als auf Flakes basierende. Dabei bestätigt sich auch in der bereits zuvor und auch im weiteren Verlauf der Studie festgestellten Tendenz, dass Toner auf Basis sphärischer Partikel bessere Ergebnisse liefern. Auch zeigt sich, dass diese eine niedrigere Kapazität aufweisen als vergleichbare Flake-Toner. Für die den entwickelten Toner zugrunde liegenden Pasten sind folgende Messwerte ermittelt worden (SD für Standardabweichung):

C02: C_P = 9,8 pF (SD= 2,0 %); R_P außerhalb des Messbereichs

C03: C_P = 8,5 pF (SD= 0,8 %); R_P außerhalb des Messbereichs

C04: C_P = 10,2 pF (SD= 0,9 %); R_P außerhalb des Messbereichs

Aufgrund des Ladungsverhaltens der Toner deuten diese Messwerte durchaus auf einen realistischen Ansatz zur Bestimmung der Qualität der Toner hin. Allerdings sind zur endgültigen Qualitätsbestimmung auch die Druckergebnisse der jeweiligen Toner heranzuziehen.

Zusammenfassend lässt sich sagen, dass die vorgestellten Ergebnisse zwar einige Tendenzen, Problemstellungen und auch -lösungen aufzeigen, allerdings bleiben sie den Beweis eines Zusammenhanges der Messungen mit der Güte des Toners schuldig. Dessen Erbringung ist zeit-, ressourcen- und vor allem auch kostenaufwändig, da es die Herstellung einer Serie von Tonermustern stark unterschiedlicher Qualität voraussetzt. Zudem stellt die Ermittlung großer Widerstandswerte eine messtechnische Herausforderung dar. Allerdings lassen sich aus den gezeigten Ergebnissen, unter Beachtung aller Problematiken und Einflussfaktoren, durchaus eindeutige Tendenzen was Kapazität und Widerstand der Toner angeht erkennen. Diese Erkenntnisse können eine Grundlage für weiterführende Forschungen bilden.

3.3.3 Untersuchung der elektrischen Eigenschaften von Silberpillen

Einen weiteren Ansatz zur Evaluierung der Qualität des Coatings ist die Untersuchung der aus dem Prozess im Dreiwalzwerk entstehenden Silberpaste im getrockneten und somit lösungsmittelfreien Zustand. Dadurch kann der zuvor nachgewiesene Einfluss des Lösungsmittels ausgeschlossen werden. Dazu werden nach der Trocknung der Paste Proben entnommen, diese gemahlen, in Pillenform gepresst und anschließend ebenfalls deren elektrische Eigenschaften untersucht. Ein ähnliches Verfahren kommt auch bei der Evaluierung der Qualität von herkömmlichem Toner zur Anwendung [Daly 86].

Um eine Pille herstellen zu können, wird nicht die lösungsmittelhaltige Paste verarbeitet, sondern das Zwischenprodukt in Form eines getrockneten Teigs (Kapitel 3.2). Dieser wird zunächst im Prallmahlverfahren zerkleinert (Verwendete Mühle: IKA Analysenmühle A 11 basic). Das so gewonnene Pulver wird anschließend in ein Presswerkzeug eingefüllt und komprimiert. Dieses besteht aus einem Edelstahlblock, in dem eine Kammer mit einem Durchmesser sowie einer Höhe von jeweils zehn Millimetern mit Pulver gefüllt wird. Anschließend wird mittels einer Hydraulikpresse ein Stempel mit einer Kraft von 200 kN auf das Pulver gedrückt. Dadurch entstehen die auf der linken Seite von **Bild 3.15** dargestellten Pillen mit einem Durchmesser von zehn Millimetern sowie einer Höhe von ca. 5 mm. Die genaue Höhe der Pillen ist abhängig von den Eigenschaften des eingefüllten Pulvers.

Bild 3.15: Gepresste Silberpillen, links Harzanteil von 10 %, rechts Harzanteil 4 %, Skalierung des Lineals in cm

Durch dieses Verfahren gelingt es nur teilweise, formstabile und gut verwendbare Pillen herzustellen. Dabei hat der Harzanteil einen wesentlichen Einfluss auf die Konsistenz der Pille. Versuche mit Silberpulver mit einem Harzanteil von vier Prozent und darunter führen zu sehr instabilen Pillen, die entweder völlig unbrauchbar sind oder die auf der rechten Seite von Bild 3.15 gezeigten Verformungen aufweisen.

Zur Bestimmung der elektrischen Eigenschaften der Pille wird diese, in dem in **Bild 3.16** gezeigten Messaufbau, mittels einer Feder zwischen zwei Metallplättchen, die als Kontaktpunkte dienen, eingespannt. Als Messgerät ist erneut das Sourcetronic ST 2826 LCR-Meter an die Kontakte angeschlossen.

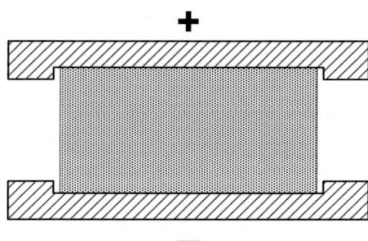

Bild 3.16: Messprinzip bei der Vermessung von Silberpillen

Bei der Bestimmung der Messwerte wie Kapazität oder ohmscher Widerstand zeigt sich, dass sowohl bei der mehrfachen Vermessung einer einzelnen Pille als auch beim Vergleich der Messwerte von weitgehend identischen Pillen sehr starke Streuungen innerhalb einer Messreihe auftreten. Bereits diese starken Streuungen stellen die Aussagekraft des Ansatzes in Frage. Des Weiteren stellt die Modellierung der Pille eine Herausforderung dar. Die meisten Pillen lassen sich ausschließlich als ohmscher Widerstand modellieren, da dieser so niedrig ist, dass der kapazitive Anteil vernachlässigbar ist. Dies zeigt sich vor allem bei Pulvern, bei denen Flakes verarbeitet wurden. Bei Pulvern mit großem Widerstandswert (sphärisches Silber mit hohem Harzanteil oder fertiger Toner) wird hingegen erneut der maximale Messbereich von 100 MΩ überschritten. Hierbei lassen sich zwar Werte für die Kapazität ermitteln, allerdings liefern diese aufgrund der o. a. Einschränkungen keinen Erkenntnisgewinn. Es lässt sich anhand von Pillen mit relativ niedrigem Widerstand (Pillen auf Basis von Flakes) lediglich ansatzweise belegen, dass der ohmsche Widerstand mit dem Harzanteil überproportional ansteigt, wie die in **Bild 3.17** dargestellten Messreihe zeigt.

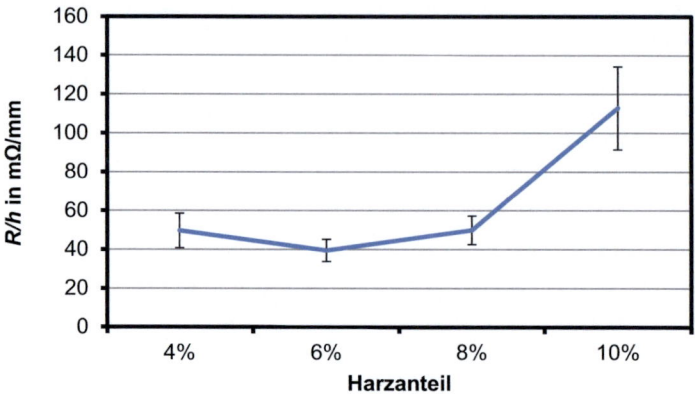

Bild 3.17: Gleichstromwiderstand normiert auf die Höhe der Pille bei steigendem Harzanteil (Silber-Flakes, 10 Messungen pro Pille, Fehlerbalken stellen Standardabweichung dar)

Da die Höhe der Pillen mit steigendem Harzanteil zunimmt, sind die Messwerte auf einen Millimeter Pillenhöhe normiert. Die Standardabweichung beträgt bei den Messwerten zwischen 14 % und 19 %, was in Relation zu anderen Messungen ein relativ niedriger Wert ist.

Zusammenfassend muss festgestellt werden, dass sich aus den Ergebnissen keine belastbaren Aussagen über die Qualität des Coatings ableiten lassen. Dafür sind die Einflussfaktoren auf die Messergebnisse zu vielfältig und müssten konsequent kontrolliert werden. Die Eigenschaften des durch Mahlen entstehenden Pulvers müssen vergleichbar sein. Zudem birgt die Herstellung der Pille vielfältige Fehlerquellen. Eine Vergleichbarkeit der resultierenden Pillen ist nur bedingt gegeben. Einflussfaktoren wie Füllmenge und Pressdruck müssten bei unterschiedlich zusammengesetzten Pillen vergleichbar gestaltet werden, was eine große Herausforderung darstellt. Weiterhin stellt die Streuung der Messwerte die Messmethodik in Frage, allerdings könnte das ebenfalls auf die Inhomogenität innerhalb der Pillen zurückzuführen sein. Die bereits bei der Pastenmessung beobachtete Tendenz des steigenden Widerstandes mit zunehmendem Harzanteil zeigt sich jedoch auch hier, wodurch eine grundsätzliche Eignung der Messmethode angenommen werden kann. Jedoch bergen die vielfältigen Inhomogenitäten zu viele Fehlerquellen, so dass dieser Methode nur eine untergeordnete Bedeutung zukommt.

3.4 Fazit

Bereits die Ergebnisse der Literaturrecherche (Kapitel 2.3) deuten darauf hin, dass leitfähige Partikel eine große Herausforderung im elektrofotografischen Prozess darstellen. Dies bestätigt sich in den ersten Versuchen mit Silbertoner, die eingangs des Kapitels beschrieben werden. Es wird die wesentliche Anforderung formuliert, dass die Leitfähigkeit der Silberpartikel für den elektrofotografischen Prozess neutralisiert werden muss und erst nach dessen Abschluss wiedererlangt werden darf.

Um diese Anforderung zu erfüllen, erfolgt ein Coating der Partikel mit einem Polymer vor deren Vertonerung. Dieses wird realisiert, indem die Partikel durch den mechanischen Prozess im Dreiwalzenstuhl benetzt werden. Das Polymer soll die Partikel möglichst vollständig bedecken und diese somit elektrisch isolieren. Während des Sinterprozesses verbrennt es und die Leitfähigkeit des Silbers ist wieder hergestellt.

In der Folge werden unter Anwendung dieses Verfahrens hergestellte Silbertoner vorgestellt, die sich alle in Ihrer Zusammensetzung unterscheiden. Es zeigt sich grundsätzlich, dass die Toner deutlich bessere Ladungseigenschaften aufweisen als die zuvor sowohl in Vorarbeiten hergestellten als auch im Rahmen der Literaturrecherche gezeigten Tonermuster. Die erzielten Fortschritte decken sich dabei in der Tendenz mit den Ergebnissen von Aoki, der ebenfalls eine Toneroptimierung durchführt, ohne die Methode zu offenbaren [Aoki 04]. Seine zuvor gezeigten (Bild 2.11) Erfolge bei der Verbesserung der Ladungsverteilung ähneln denen hier erzielten Verbesserungen bei sphärischen Partikeln.

Die Ergebnisse der dokumentierten bisherigen Forschungsansätze, als auch die Vorarbeiten zu dieser Studie legen den Schluss nahe, dass ein Coating der leitfähigen Partikel der notwendige und entscheidende Schritt bei deren Anwendung im elektrofotografischen Prozess ist. So konnten mehrere Silbertoner erfolgreich hergestellt und getestet werden.

Dabei ist das Potenzial der Methode und der resultierenden Toner vermutlich noch nicht ausgeschöpft. Die Coatingmethode ist noch nicht ausgereift, da bisher lediglich grundlegende Erkenntnisse erarbeitet sind. Variationen von Art und Anteil des verwendeten Lösungsmittels oder Harzes, aber auch der Einsatz von Haftvermittlern oder anderer Additive könnten deutlich Qualitätssteigerungen erwirken.

Weiterhin wird die Notwendigkeit einer prozessbegleitenden Charakterisierung erkannt. Drei unterschiedliche Ansätze dazu werden vorgestellt, allerdings zeigen die Ergebnisse jeweils nur Tendenzen auf. Diese müssten anhand von weiteren Tonermustern verifiziert werden.

Somit können die beschriebenen Herausforderungen bei der Herstellung von Silbertoner bewältigt und mehrere vielversprechende Tonermuster hergestellt werden, deren Druckergebnisse in den folgenden Kapiteln betrachtet werden.

4 Evaluierung von Druckergebnissen

Nach der Beschreibung der verwendeten Toner wendet sich dieses Kapitel den zur Evaluierung der Druckergebnisse angewandten Messmethoden zu. Grundsätzlich wird im Bereich der EP mit den üblichen Evaluierungsmethoden das Druckergebnis hauptsächlich unter grafischen Gesichtspunkten betrachtet, da die EP zurzeit im funktionellen Bereich kaum angewandt wird. Die im Bereich der Dickschichttechnik üblichen Methoden sind bisher nicht bei mittels EP gedruckten Strukturen getestet worden. Dieses Kapitel betrachtet, inwieweit die aus beiden Bereichen stammenden Evaluierungsmöglichkeiten im Forschungsgebiet des elektrofotografischen Druckes von leitfähigen Dickschichtstrukturen angewandt werden können und welche Kriterien dabei zu beachten sind.

4.1 Bildanalyse

Gewisse Eigenschaften der gedruckten Strukturen lassen sich durch optische Kriterien gut beschreiben. Neben der zuerst erläuterten visuellen Bewertung der Strukturen steht mit dem PIAS II der Quality Engineering Associates Inc. ein optisches Messgerät zur Verfügung, das im zweiten Teil dieses Kapitels kurz beschrieben wird.

4.1.1 Visuelle Bewertung geometrischer Eigenschaften

Im Grafikdruck ist es durchaus üblich, die Druckergebnisse anhand des visuellen Eindrucks im Gesamtbild, mit einer Lupe oder unter dem Mikroskop, zu bewerten. Dabei ist zwischen zwei Ebenen zu unterscheiden: Der oberflächliche optische Eindruck des bedruckten Substrates mit dem bloßen Auge liefert einen Überblick, etwa ob ein Druckversuch grundsätzlich gut gelungen ist oder ob gedruckte und gesinterte Leiterbahnen durchgängig sind. Ebenso lässt sich deren Dichte abschätzen.

Präzisere Aussagen liefert eine Betrachtung durch ein Mikroskop. Neben einem rein optischen Mikroskop mit verstellbarer Vergrößerung wurde im Rahmen dieser Studie auch ein 3D-Mikroskop, Modell Keyence VHX-1000D, genutzt. Bei 50 bis 100facher Vergrößerung lassen sich belastbare Aussagen und Vergleiche bezüglich unerwünschtem Hintergrund auf dem Substrat sowie Kantenschärfe und Dichte von gebrannten sowie ungebrannten Leiterbahnen treffen. Anhand von Mikroskop-Bildern der erzielten Ergebnisse lässt sich der visuelle Eindruck präsentieren und eine Beurteilung durch den Betrachter wird ermöglicht. Dabei ist allerdings eine gewisse Subjektivität in der Beurteilung der Ergebnisse zu beachten.

4.1.2 Digitale Bildanalyse

Im Gegensatz dazu liefert das Personal Image Analysis System (PIAS II) des Herstellers Quality Engineering Associates, Inc., eine Möglichkeit zur schnellen, quantitativen Beurteilung von Druckergebnissen [Tse 07]. Dieses Messgerät besteht hauptsächlich aus einer digitalen Kamera mit USB-Schnittstelle, die in einem leicht zu handhabenden Gehäuse mit integrierter optischer Vergrößerung verbaut ist. Wesentliches Element des Systems ist dabei die Software, die die von der Kamera aufgenommen Bilder auswertet und dadurch die Evaluierung von gedruckten Strukturen ermöglicht. Das Programm bietet mehrere Werkzeuge, die unterschiedliche Eigenschaften der gedruckten Strukturen untersuchen. Die Auswertemethoden richten sich dabei nach der Norm ISO 13660, welche die Messung der Bildqualität im grafischen Druck beschreibt [QEA 07].

Anhand des **Area Tools** lässt sich zeigen, welche Besonderheiten bei Silbertoner zu beachten sind. Das Area Tool liefert unterschiedliche Aussagen bezüglich der Eigenschaften großer Flächen. Dabei erweist sich die Luminanz L des L-a-b-Farbraumes als interessant. Dieser Wert bildet zwischen 0 (schwarz) und 100 (weiß) die Helligkeit einer Fläche ab. Um den Auftrag eines Silbertoners zu untersuchen, wird zunächst eine Fläche mit dem Toner C01 in mehreren Druckvorgängen auf Grüntape gedruckt und nach jedem Druckvorgang mit dem Area Tool vermessen. Der Verlauf der Luminanz-Werte ist in **Bild 4.1** zu sehen.

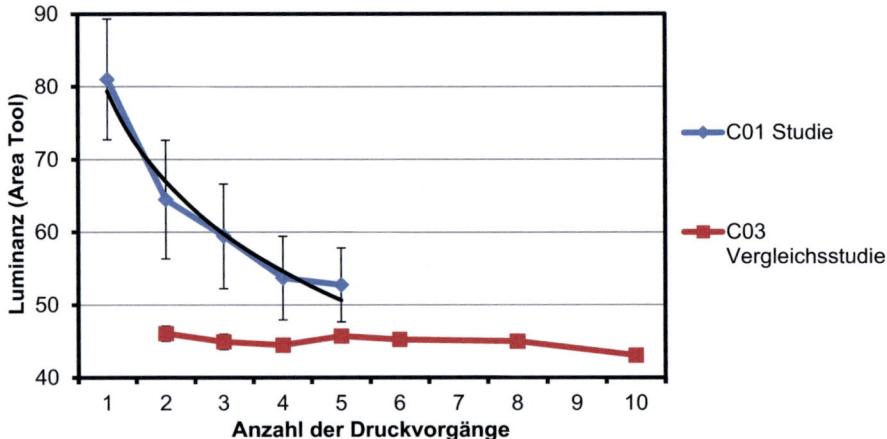

Bild 4.1: Luminanz-Wert des Area Tools über Druckvorgänge, pro Wert fünf Messungen auf fünf Tapes, Balken stellen Standardabweichung dar (bei C03 aufgrund zu geringer Abweichung kaum erkennbar)

Theoretisch ist zu erwarten, dass mit jedem Druckvorgang die Fläche dichter wird, da mit jedem Druckvorgang weiterer Toner aufgetragen wird. Somit müsste der Luminanz-Wert fallen. Dieses Verhalten zeigte sich auch beim Toner C01 in Form einer Abnahme des Wertes über fünf Druckvorgänge. Dabei erfolgt der Abfall des Wertes nahezu logarithmisch, wie die Regressionsfunktion zeigt. Das Bestimmtheitsmaß beträgt 0,972. Eine Vergleichsstudie mit dem Toner C03 liefert allerdings ein anderes Bild. Der Luminanz-Wert bleibt über 10 Druckvorgänge nahezu konstant.

Anhand dieses Beispiels lässt sich die Problematik bei der Nutzung grafischer Parameter anschaulich erklären. Der Toner C01 hat eine relativ niedrige Qualität und folglich ist der Unterschied der Dichte der Fläche von Druckvorgang zu Druckvorgang recht groß. Des Weiteren ist er, im Vergleich der genutzten Toner, relativ hell. Im Gegensatz dazu ist der Toner C03 dunkler, von höherer Qualität und verfügt somit über ein besseres Übertragungsverhalten. Folglich hat eine mit dem Toner C03 gedruckte Fläche bereits nach zwei Druckvorgängen den Wert erreicht, der einer durchgängigen Fläche mit der Farbe des Toners entspricht. Die Farbe des Toners hat dementsprechend eine große Auswirkung auf die

Messwerte. Somit lassen sich lediglich beim Toner C01 Aussagen über die Qualität einer Silberleiterbahn treffen, bei höherwertigen Tonern ist das nicht möglich. Diese Einschränkungen bezüglich der Tonerfarbe, aber auch bezüglich des geringen Kontrastes des silbernen Toner zur weißen Oberfläche von Grüntape oder Keramik sind bei den Messungen mit dem PIAS zu beachten und sorgen oft für eine eingeschränkte Nutzbarkeit.

Als besonders effektives Werkzeug erweist sich bisher lediglich das **Line Tool**, aus dem sich am ehesten konkrete Aussagen ableiten lassen, genauer aus der darin ermittelten *density d*, das heißt der optischen Dichte einer Linie. Der Messwert berechnet sich über die logarithmische Abhängigkeit des Reflexionsfaktors, nach

$$d = \log_{10}(\tfrac{1}{R}), \tag{4.1}$$

wobei der Reflexionsfaktor R das Verhältnis aus einfallendem und reflektiertem Licht ist [ISO 13660]. Die Verbindung zwischen dieser Dichtemessung und der Leitfähigkeit einer Linie wird an späterer Stelle in dieser Studie untersucht (Kapitel 5.2.5).

4.2 Strukturanalyse mit dem Weißlichtinterferometer

Die Weißlichtinterferometrie bietet die Möglichkeit zur Analyse der geometrischen Strukturen, insbesondere der Schichtdicke, von Dickschichtelementen. Im Bereich des Inkjet-Druckes wird diese Untersuchungsmethode bisher erfolgreich eingesetzt [Cibis 09][Waßmer 11]. Zur Analyse der elektrofotografisch gedruckten Strukturen wird ein Weißlichtinterferometer MarSurf WS 1 der Mahr GmbH verwendet. Dieses gleicht vom Aufbau her dem eines klassischen Interferometers, jedoch wird hier nicht kohärentes Licht, sondern Weißlicht genutzt. Dieses zeichnet sich durch eine sehr kurze Kohärenzlänge aus und besitzt dadurch hervorragende Eigenschaften zum Messen von Oberflächentopografien [MAHR 07].

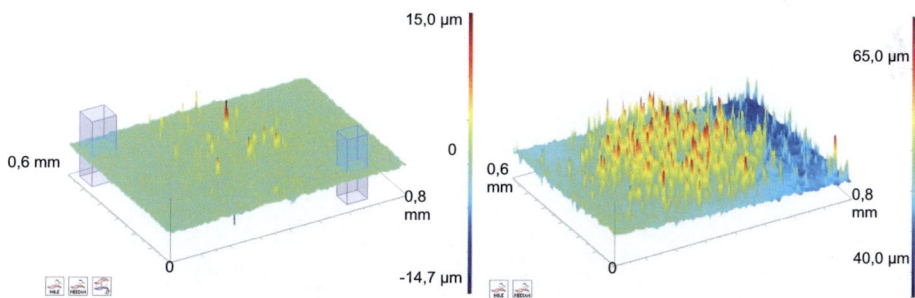

Bild 4.2: Oberflächendarstellung einer Weißlichtinterferometer-Messung; links: gebrannte Keramik; rechts: Grüntape (Quader sind Hilfsmittel zur Ausrichtung der Oberfläche)

Diese Eigenschaften relativieren sich bei der Vermessung von Keramik, insbesondere von Grüntape, wie in **Bild 4.2** zu sehen ist. Es zeigt die Oberfläche einer nicht bedruckten Keramik bzw. eines nicht bedruckten Grüntapes. Obwohl bereits ein Median-Filter angewandt wird, sind mehrere Erhebungen im Zentrum der Substrate zu sehen. Während dieser Effekt bei bereits gebrannter Keramik vernachlässigbar schwach ist, erreicht der Effekt bei Grüntape ein Ausmaß, das zu einer Beeinträchtigung der Messergebnisse führt. Weitere

Referenzmessungen an anderen Substraten führen zu der Schlussfolgerung, dass es sich dabei um eine charakteristische Oberflächeneigenschaft des Grüntapes handelt. Somit sind Messungen der Schichtdicke von Strukturen auf Grüntape nur eingeschränkt unter Beachtung dieses Effektes verwertbar.

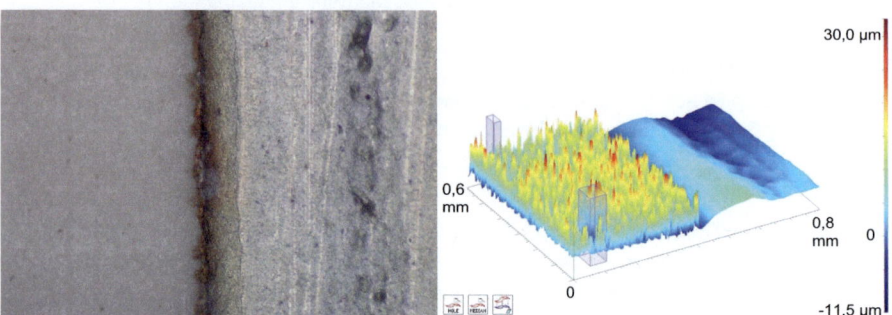

Bild 4.3: Inkjet-gedruckte Silberleiterbahn auf Grüntape; links: Mikroskop-Bild 100fach vergrößert; rechts Oberflächendarstellung einer Weißlichtinterferometer-Messung (Quader sind Hilfsmittel zur Ausrichtung der Oberfläche)

Weiterhin beeinträchtigt die bei elektrofotografisch gedruckten Strukturen charakteristische *graininess* (Körnigkeit) die Messungen mit dem Weißlichtinterferometer. Dies lässt sich am besten im direkten Vergleich mit einer Inkjet-gedruckten Struktur zeigen. In **Bild 4.3** ist eine Inkjet-Silberleiterbahn auf Grüntape zu sehen. Auf dem Mikroskop-Bild erkennt man die freie Fläche auf der links der Leiterbahn sowie den Übergang zwischen beiden sehr gut. Vergleicht man dies mit der Weißlichtinterferometer-Messung von unbedrucktem Grüntape zeigt sich zuerst der zuvor beschriebene Effekt auf dem nicht bedruckten Teil der Oberfläche des Grüntapes. Die gedruckte Struktur ist hingegen gut zu erkennen und sehr homogen dargestellt. Die getrocknete Tinte formt eine glatte Oberfläche, deren Geometrie mit dem Weißlichtinterferometer zuverlässig zu vermessen ist.

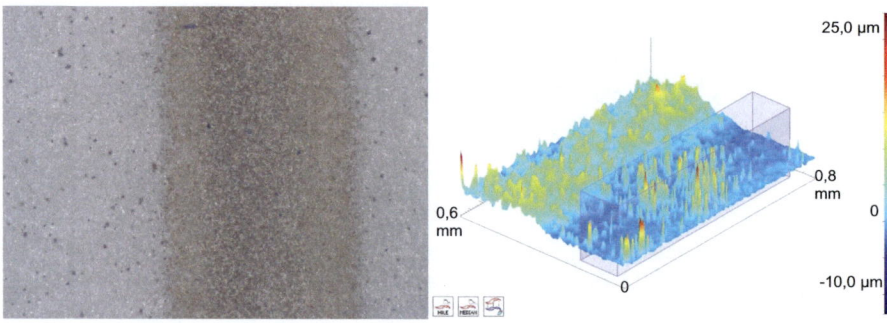

Bild 4.4: Silberleiterbahn auf gebrannter Keramik (Postfiring), Toner C02; links Mikroskop-Bild 50fach vergrößert; rechts: Oberflächendarstellung einer Weißlichtinterferometer-Messung (Quader sind Hilfsmittel zur Ausrichtung der Oberfläche)

Elektrofotografisch gedruckte Strukturen stellen sich anders dar, wie in **Bild 4.4** zu sehen ist. Der Toner formt keine glatte Oberfläche, stattdessen bleibt diese auch nach dem Sintern noch körnig. Die im Bild gezeigte Leiterbahn stellt sich in der Oberflächenanalyse mittels

Weißlichtinterferometer somit nicht als homogene Struktur, sondern als Ansammlung inhomogener Erhebungen dar. Die in diesem Fall zahlreichen Satelliten tragen ihren Teil dazu bei, dass die Oberfläche der Keramik, neben dem erwähnten Effekt, uneben und inhomogen erscheint. Eine Vermessung der Geometrie einer solchen Struktur führt zu größeren Fehlern und Unsicherheiten und ist somit kritisch zu bewerten.

Die Weißlichtinterferometrie ist somit nur äußerst eingeschränkt zur Vermessung der Geometrie bei elektrofotografisch gedruckten Strukturen anwendbar. Sowohl die Vermessung von gedruckten Strukturen, als auch die der Referenzflächen sind fehlerbehaftet. Somit ist es unter anderem nicht eindeutig, ob tatsächlich eine höhere Schichtdicke erreicht wird, oder ob es nur zu einer Erhöhung der Dichte der bestehenden Struktur kommt. Für die Vermessung von Silberleiterbahnen ist das Verfahren als unbrauchbar einzuschätzen. Jedoch bei Schwarztoner ist das Verfahren zur Schichtdickenmessung, aufgrund des besseren Tonerübertrages und der höheren Homogenität der resultierenden Strukturen, unter Beachtung der Einflussfaktoren, als eingeschränkt brauchbar zu bewerten.

4.3 Gravimetrische Messung

Das Wiegen von Substraten vor und nach dem Druck bietet eine weitere Möglichkeit, das Druckergebnis zu evaluieren. Diese Methode wird durch das relativ hohe spezifische Gewicht des Silbers möglich, das eine ausreichend große Gewichtsdifferenz verursacht. Dazu wird ein großflächiges Druckmuster auf 4×4 Zoll² Grüntapes gedruckt. Durch den Zuschnitt auf diese Größe kommt es zu Abweichungen in der Größe und somit im Gewicht der Tapes, das bei ca. 6 g liegt. Damit dieser Fehler keinen Einfluss auf das Ergebnis nimmt wird lediglich die Gewichtsdifferenz desselben Tapes bestimmt. Der Auftrag pro Druckvorgang liegt, je nach Toner und Muster, im Bereich von 5 bis 100 mg, so dass bei der Auswahl der Waage ein entsprechender Messbereich beachtet werden muss.

Weiterhin sind die Substrate vor und nach dem Bedrucken zu deionisieren. Insbesondere nach dem Bedrucken zeigt sich, dass eine Waage entsprechender Präzision sehr empfindlich auf die elektrostatische Ladung reagiert, die auf dem Substrat zum Zwecke des Tonertransfers erzeugt werden (Kapitel 2.1.4). Dadurch variieren die Messwerte stark. Durch eine Deionisation kann dieser Effekt neutralisiert werden. Dabei ist zu beachten, dass ebenfalls beim Abwiegen vor dem Druck eine Deionisation erfolgt, da die Werte sonst nicht mehr vergleichbar sind.

Zur Evaluierung der Messmethode dienen die in **Bild 4.5** gezeigten Studien. Dabei werden jeweils unterschiedliche großflächige Muster und Toner auf 4×4 Zoll² Grüntapes gedruckt. Die Anzahl der Druckvorgänge wird kontinuierlich gesteigert und die Tapes jeweils vor und nach dem Bedrucken abgewogen. Bei Mehrfachdruck des gleichen Musters ist ein linearer Anstieg des Gewichtes zu erwarten, der sich auch mit hohem Bestimmtheitsmaß einstellt, wie die in der Grafik gezeigten Regressionsgeraden belegen. Dabei ist zu beachten, dass bei diesen Studien lediglich die Evaluierung der Messmethode im Fokus steht und der grundsätzlich mögliche Vergleich der Toner ist an dieser Stelle aufgrund unterschiedlicher Druckparameter nicht erfolgen kann.

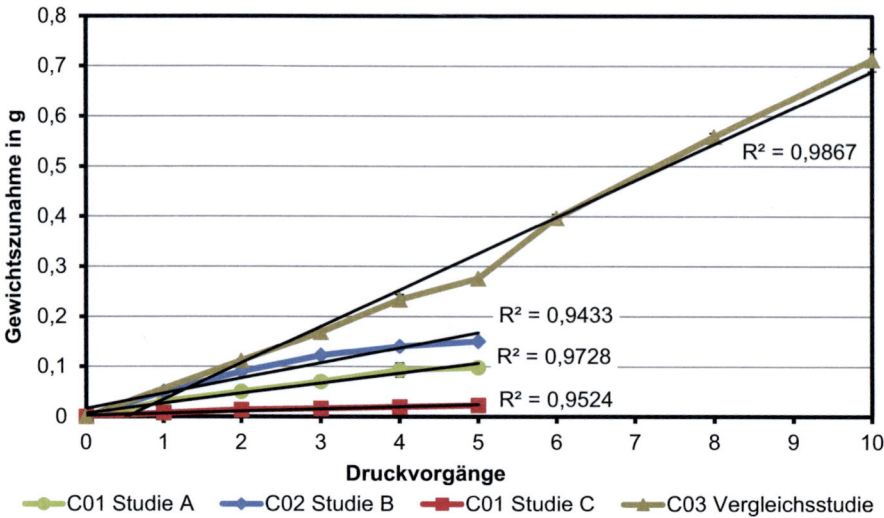

Bild 4.5: Studien zur Gewichtszunahme von 4×4 Zoll² Grüntapes vor und nach dem Bedrucken unter Variation von Toner und Druckmuster, Stichprobe von 10 Grüntapes bei Studien A bis C, bei Vergleichsstudie 5 Grüntapes, Standardabweichung zu gering für grafische Darstellung.

Die Messmethode erweist sich als geeignet, um den Übertrag von Silbertoner auf Grüntapes zu bewerten. Die Interpretation, was die Messergebnisse für eine Silberleiterbahn bedeuten, ist dabei allerdings nicht eindeutig. Mehr Toner kann sowohl zu einer höheren Dichte einer Leiterbahn, als auch zu einer höheren Schichtdicke oder einer Verbreiterung der Bahn führen. Wahrscheinlich ist eine Überlagerung aller drei Effekte. Somit liefert die gravimetrische Messung einen objektiven Eindruck vom Erfolg des Transfers. Zur direkten Evaluierung von Silberleiterbahnen lassen sich die Ergebnisse nur unter gleichzeitiger Betrachtung der geometrischen Eigenschaften heranziehen.

4.4 Flächenwiderstand

Während die zuvor gezeigten Methoden Ansätze zur Evaluierung eines Druckergebnisses bzw. zur Beurteilung dessen geometrischer Eigenschaften dienen, werden die elektrischen Eigenschaften durch die Messung des Leitwertes bzw. dessen Kehrwertes, dem elektrischen Widerstand beurteilt. Eine Normierung des Widerstandes macht diesen unabhängig von der geometrischen Struktur des betrachteten Leiters. Üblicherweise geschieht dies über den Flächenwiderstand R_{sq}. Dieser berechnet sich zu

$$R_{sq} = \frac{R}{l} \cdot b, \qquad (4.2)$$

wobei R den gemessen elektrischen Widerstand der Leiterbahn, b deren Breite und l deren Länge darstellt.

Während die Messung des Widerstandes sowie die Ermittlung der Länge bei elektrofotografisch gedruckten Strukturen keine Besonderheit darstellen, ist die Ermittlung der Breite der

Struktur nicht eindeutig. Die zugrunde liegende Problemstellung lässt sich anhand der auf **Bild 4.6** gezeigten Silberleiterbahn erläutern.

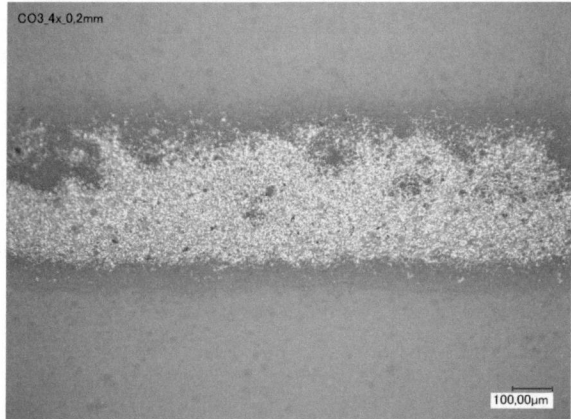

Bild 4.6: Silberleiterbahn auf Keramik, Toner C03, Vierfachdruck, Postfiring

Auch durchgängig leitfähige Leiterbahnen weisen z. T. eine geringe Kantenschärfe und Fehlstellen am Rand auf. Dies führt zu inhomogenen Rändern der Leiterbahnen. Weiterhin ist am Rand der Leiterbahn eine Zone erkennbar, in der zwar Spuren des Druckes zu sehen sind, diese aber nicht eindeutig der Leiterbahn zuzuordnen ist. Am Rand der Leiterbahn ist die Anzahl der Silberpartikel nicht ausreichend um eine durchgehende Silberschicht zu formen. Bei Leiterbahnen sehr hoher Qualität treten diese Effekte zwar gar nicht oder nur schwach auf, allerdings müssen sie bei einer Vielzahl der untersuchten Leiterbahnen berücksichtigt werden. Aufgrund der Körnigkeit des Toners und der Inhomogenität im Druck kann die Problemstellung als charakteristisch für elektrofotografisch gedruckte Leiterbahnen betrachtet werden.

Die festgelegten Kriterien für die Vermessung der Breite beinhalten die Nichtbeachtung der Randzone und nehmen den Rand der durchgängigen, mit der Mitte der Leiterbahn verbundenen Silberschicht als Referenz für die Messung. Eine Veränderung der Kriterien, z. B. die Einbeziehung der Randzone, würde z. T. eine deutliche Veränderung des Flächenwiderstandes verursachen. Weiterhin besteht ein Einfluss des Bedieners auf die Messergebnisse, da die Festlegungen der Breite nach den angeführten Kriterien einen subjektiven Anteil beinhalten. Diese Einflussfaktoren sind bei der Interpretation der Ergebnisse zu beachten.

4.5 Fazit

Zur Evaluierung von Geometrie und Beschaffenheit einer Silberleiterbahn kommt der visuellen Analyse unter dem Mikroskop eine hohe Bedeutung zu. Sie liefert schnell einen zwar subjektiven, aber dennoch aussagekräftigen Eindruck von der Beschaffenheit einer gedruckten Struktur. Ergänzt werden kann Sie durch Messungen des PIAS II, wobei unter den hier betrachteten Kriterien nur wenige verwertbare Beziehungen zwischen Messwerten und dem Zustand einer Leiterbahn hergestellt werden können. Eine Messung der Schichtdicke von Silberleiterbahnen mit dem Weißlichtinterferometer ist aufgrund der charakteristischen Körnigkeit nicht möglich. Die Methode kann lediglich bei Schwarztoner unter Beachtung der Einschränkungen angewandt werden. Gravimetrische Messungen liefern eine gute Möglichkeit zur Evaluierung des Tonertransfers, allerdings sind diese nur eingeschränkt aussagefähig, was Struktur und Qualität einer Silberleiterbahn angeht. Das objektivste und aussagekräftigste Kriterium dafür bleibt die Messung des Widerstands der Leiterbahn; dabei sind die bei der Normierung auf den Flächenwiderstand notwendigen Kriterien zur Definition des Randes zu beachten.

Es lässt sich zusammenfassen, dass die vorgestellten Messmethoden mehrere Möglichkeiten zur Evaluierung der Druckergebnisse bieten, allerdings ist die passende Methode zur jeweiligen Fragestellung auszuwählen. Ungenügend sind dabei allerdings die Möglichkeiten zur Bewertung der Geometrie der gedruckten Struktur, insbesondere der Schichtdicke. Hier besteht Bedarf zur Überprüfung weiterer Methoden.

5 Elektrofotografisch gedruckte Silberleiterbahnen

Nachdem die zuvor betrachteten Messmethoden das nötige Rüstzeug zur Evaluierung liefern, gilt es nun die Druckergebnisse der hergestellten Toner zu betrachten. Dabei ist das Hauptaugenmerk auf die Einflüsse des Coatings bzw. dessen Variationen sowie auf die Form der Silberpartikel gerichtet. Des Weiteren ist zu ergründen, welche Eigenschaften die Silberleiterbahnen auf dem Substrat Keramik während und nach dem Druck- sowie Sintervorgang aufweisen.

Dazu wird zuerst der verwendete Versuchsdrucker kurz vorgestellt, gefolgt von einer ausführlichen Untersuchung des Tonertransfers. Anschließend wird das Sinterverhalten von Silbertoner und Grüntapes sowie Keramik betrachtet, bevor die Druckergebnisse der entwickelten Toner vorgestellt werden. Am Ende des Kapitels erfolgt eine Betrachtung von Anwendungsbeispielen elektrofotografisch gedruckter Silberleiterbahnen, die eine Evaluierung des Erfolges der Methode ermöglichen.

5.1 Beschreibung des Versuchsdruckers

Bei der Auswahl eines Versuchsdruckers sind die entscheidenden Kriterien eine möglichst hohe Robustheit der Maschine sowie deren Flexibilität bezüglich der Änderung von druckrelevanten Parametern. Dadurch werden Anpassungen an unterschiedliche Substrate und Toner möglich und Variationen des Druckvorgangs zugelassen. Denn: „Die spannungsmäßige Abstimmung der bei der Elektrofotografie im Einsatz befindlichen Komponenten für Aufladung, Entladung, Tonerübertrag von der Entwicklereinheit auf die Fotoleitertrommel und von der Fotoleitertrommel auf das Papier oder den Zwischenträger erfordert eine präzise, stabile Auslegung der Systemkomponenten, Spannungsregelung sowie Temperatur- und Feuchtestabilisierung in der Umgebung der Druckeinheit" [Kipphan 00]. Dementsprechend erfordern Veränderungen der am Druck beteiligten Stoffe eine Anpassung des Druckers.

Aus diesem Grunde wurde für diese Studie ein Drucker-Prototyp bei der CTG PrintTEC GmbH angefertigt. Komponenten und Variationen dieses Druckers sind bei unterschiedlichen Forschungsprojekten im Einsatz ([Jones 10], [Jones 11b], [Sanz 11]), jedoch mussten einige Anpassungen für den Druck von Silbertoner auf Keramik vorgenommen werden.

Den Kern des auf einem Aluminiumgehäuse aufgesetzten Druckwerks bildet ein Organischer Fotoleiter (OPC), der in einem Schnellwechselmodul mit einer Ladecorona, einem LED-Schreibkopf (Breite 17 Zoll, Auflösung 600×600 dpi), sowie dem Cleaningblade und der dazugehörigen Reinigungseinheit verbaut ist. Der Toner wird über eine Entwicklereinheit mit eingeschobener Tonerkartusche ebenfalls in Form eines Schnellwechselmoduls zugeführt. Bei beiden handelt es sich um kommerzielle Bauteile, die in ihrer Funktion bereits in Kapitel 2.1 beschrieben sind. Die Steuerung der Komponenten erfolgt über einen eingebauten Controller mittels einer von CTG selbstentwickelten Logik. Darüber bzw. über die Bediener-Software lassen sich wichtige elektrische Stellgrößen flexibel variieren. Des Weiteren lassen sich beliebige Bilddateien im TIFF- sowie JPEG-Format (schwarz/weiß, Auflösung 600 x 600 dpi, Farbtiefe 1 Bit) laden und drucken.

Anfangs wurde zunächst eine Konfiguration des Druckers gewählt (nachfolgend Konfiguration A genannt), die auf der Basis von Annahmen am zweckmäßigsten erschien. Im Laufe der Forschungen wurden aufgrund der gewonnenen Erkenntnisse einige Modifikationen bezüglich Entwicklung des Toners, Transfer des Toners auf das Substrat, Zuführung und Transport des Substrates sowie Fixierung des Toners vorgenommen (nachfolgend Konfiguration B genannt).

5.1.1 Drucker in Konfiguration A

Bei dieser ersten Konfiguration des Druckers, die in **Bild 5.1** zu sehen ist, ist das Druckwerk zusammen mit der Fixiereinheit auf ein Aluminiumgehäuse aufgesetzt. Das Substrat wird mittels Rollen erfasst und in das Druckwerk eingezogen, wo durch Auslösung einer Lichtschranke der Druckprozess gestartet wird. Danach wird das Substrat mittels eines Transportbandes durch die Fixierstation, einem Infrarot-Bandstrahler, befördert und anschließend ebenfalls durch dieses Band in einer Haltevorrichtung abgelegt.

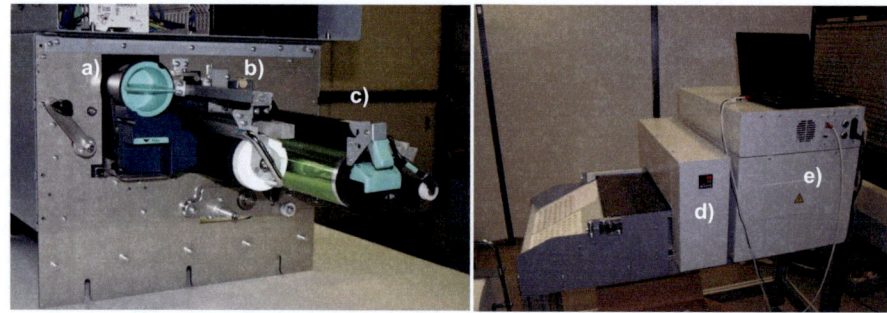

Bild 5.1: Drucker in Konfiguration A; links das Druckwerk mit a) Entwicklereinheit, b) Konditionierungswalze und c) OPC; rechts d) Fixierstation und e) Druckwerk auf Aluminiumgehäuse.

Das Druckwerk selbst besteht aus der Entwicklerstation, dem OPC-Modul sowie einer Konditionierungswalze. Bei letzterer handelt es sich um eine vom Hersteller CTG gesondert entwickelte und patentierte Walze, die in dieser Art in üblichen Druckwerken keine Verwendung findet [Jung 08]. Die Idee dabei ist, dass als Zwischenschritt der Toner zuerst auf diese Walze, an der eine Spannung anliegt, entwickelt wird. Anschließend wird der Toner auf den OPC übertragen. Dadurch verspricht man sich eine höhere Schichtdicke des übertragenen Toners auf dem OPC und somit auf dem Substrat. Im Laufe der Forschungsarbeiten kann dieser Effekt allerdings weder an der HSU, noch beim Hersteller nachgewiesen werden, so dass die Konditionierungswalze hier nur am Rande erwähnt wird. Der Hersteller baut diese Walze zurzeit nicht mehr ein, so dass auf sie auch in Konfiguration B verzichtet wird.

Von größerer Bedeutung ist die Betrachtung des Transfers. Dieser stellte den Hauptgrund für die konstruktiven Veränderungen am Drucker dar. In Konfiguration A wird der Transfer mittels einer in der EP weit verbreitenden Transferwalze realisiert, wie in **Bild 5.2** zu sehen ist. Das Substrat wird hierbei zwischen OPC und Transferwalze durchgeführt. An letzterer liegt eine einstellbare, positive Spannung an. Durch das entstehende elektrische Feld und die resultierende Kraft werden die negativ geladenen Tonerteilchen auf das Substrat transferiert. Zusätzlich wird der Transfer durch die mechanische Kraft unterstützt, die durch ein Federsystem entsteht, dass die Walze an den OPC presst.

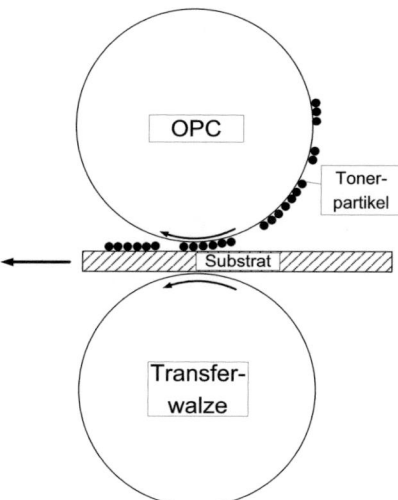

Bild 5.2: Transfermethode in Konfiguration A

Diese Methode eignet sich gut für weiche Substrate und ist durchaus üblich bei kommerziellen Druckern, die Papier bedrucken. Der Auswahl der Methode liegt die Annahme zugrunde, dass das relativ schwere Grüntape dabei einerseits gut an den OPC angepresst wird und andererseits gut durch den Prozess transportiert wird. Dies bestätigt sich auch bei Druckversuchen, allerdings verlangen die im Laufe der Forschungen gewonnen Erkenntnisse eine Veränderung der Transfermethode, die die wesentliche Änderung der nachfolgend beschriebenen Konfiguration B darstellt.

5.1.2 Drucker in Konfiguration B

Konfiguration B beschreibt den Drucker nach einigen konstruktiven Veränderungen, die, nach im Verlauf des Druckereinsatzes formulierten Spezifikationen, vom Hersteller durchgeführt wurden (siehe **Bild 5.3**). Auf die beschriebene Konditionierungswalze wird verzichtet und somit wird der Toner, wie in Kapitel 2.1.3 beschrieben, direkt auf den OPC entwickelt. Zudem wird die Fixierstation vom Drucker getrennt und auf ein separates Gehäuse gesetzt, was eine Fixierung unabhängig vom Druckprozess ermöglicht.

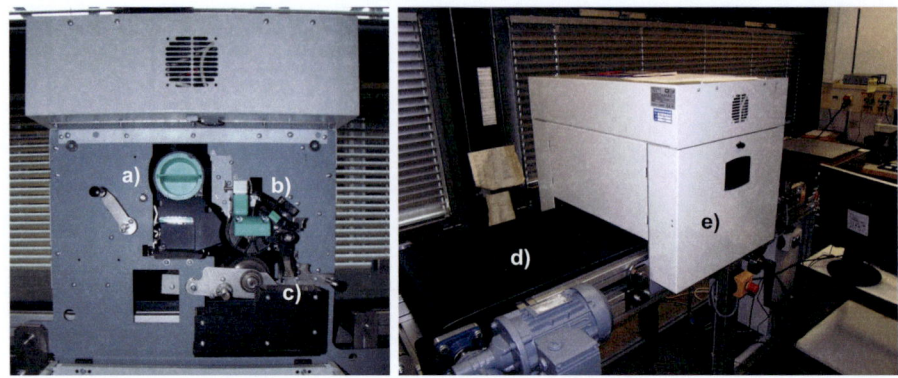

Bild 5.3: Drucker in Konfiguration B; links das Druckwerk mit a) Entwicklereinheit, b) OPC und c) Transferwalze mit Reinigungseinheit; rechts d) Transportband und e) Druckwerk auf Aluminiumgehäuse.

Die wesentliche Veränderung findet sich in der Neugestaltung des Tonertransfers. Es existiert immer noch eine Transferwalze, an der ebenfalls eine positive Spannung anliegt. Auf diese wird der negativ geladene Toner vom OPC diesmal direkt übertragen, wie in **Bild 5.4** zu sehen ist. Die Tonerpartikel werden anschließend von der Transferwalze auf das Substrat übertragen, das, auf einem Träger befestigt, von einem Förderband unterhalb der Walze transportiert wird.

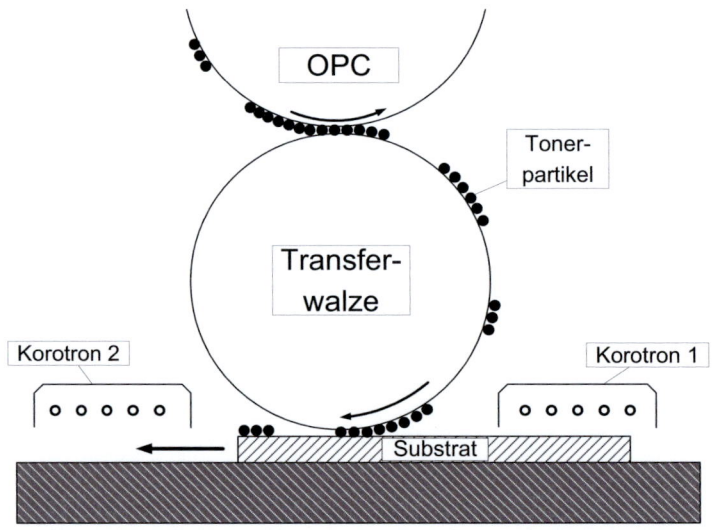

Bild 5.4: Transfer in Konfiguration B mittels Transferwalze mit Korotron [Büttner 11a]

Ähnliche Transfermethoden mittels eines einer Trommel, eines Bandes [Kipphan 00] oder eines *offset cylinder or belt* [Oittinen 98] werden bereits in der Literatur erwähnt. Hierbei handelt es sich jedoch um eine gesonderte Entwicklung speziell für den Druck auf harte Oberflächen (ursprünglich Glas) [Zimmer 00]. Dies stellt auch einen Hauptgrund für die

Veränderungen dar, da sich mittels dieser Methode auch bereits gebrannte und somit harte Glaskeramik oder Aluminiumoxid-Keramik bedrucken lässt.

Der Druckvorgang wird ebenfalls durch eine Lichtschranke ausgelöst. Die Übertragung auf das Substrat wird mittels jeweils einer Korotron vor und hinter der Walze realisiert. Als Korotron bezeichnet man eine Koronaanordnung, die aus einem oder mehreren Koronadrähten bestehen und einen in der Regel auf Erdpotenzial liegenden Gehäuse bestehen [Goldmann 00]. Durch die Korotrons entsteht auf dem Substrat eine Oberflächenladung, durch die das für den Tonertransport nötig elektrische Feld entsteht. Dabei ist zu beachten, dass das Substrat über eine gewisse Länge verfügen muss, so dass es während des Prozesses immer unter wenigstens einer Korotron befindet.

Zusätzlich entsteht ein mechanischer Druck durch die aufliegende Transferwalze. Von erheblichem Einfluss ist dabei die Oberflächenbeschaffenheit der Walze, die sowohl über einen auf die Anforderungen abgestimmten Härtegrad verfügen, als auch die notwendigen elektrischen Eigenschaften aufweisen muss. Dies stellt laut Herstellerangaben eine große Herausforderung dar, die vom Druckerhersteller in der vorliegenden Konfiguration noch nicht zufriedenstellend gelöst worden ist. Im Folgenden wird dies zwar nicht weiter untersucht, muss aber als potenzieller Einflussfaktor berücksichtigt werden.

5.2 Untersuchungen des Tonertransfers

Während viele Prozessschritte den herkömmlichen Druckanwendungen ähneln, stellt der Transfer des Toners eine Besonderheit im Vergleich zur herkömmlichen Elektrofotografie dar. Bei grafischen Anwendungen wird nahezu ausschließlich Farbtoner auf das Substrat Papier transferiert. Beim Druck von Leiterbahnen wird dahingegen Silbertoner, der noch Defizite bezüglich der Ladungseigenschaften aufweist, auf Grüntape sowie gebrannte Keramik übertragen. Um sich den damit verbunden Herausforderungen zu nähern, wird zuerst der Transfer in beiden zuvor beschriebenen Konfigurationen erläutert sowie Einflussfaktoren auf den Transfer untersucht. Es folgt eine Betrachtung der Druckparameter, ebenso werden die Besonderheiten beim Mehrfachdruck beschrieben sowie Möglichkeiten zur Optimierung des Transfers aufgezeigt.

5.2.1 Untersuchung des Transfers in Konfiguration A

Den Spezifikationen der Konfiguration A, insbesondere denen des Transfers, liegt die Annahme zugrunde, dass ausschließlich auf Grüntape gedruckt werden soll. Dabei wird weiterhin angenommen, dass das weiche Grüntape durchaus ähnliche Eigenschaften wie Papier aufweist, unter Berücksichtigung von dessen Dicke und Gewicht. Dabei ergeben sich Unterschiede bezüglich der mechanischen Parameter beim Einzug und Transport des Substrates. Unter anderem die durch Federkraft an den OPC angepresste Walze soll die zusätzlichen Belastungen auffangen.

Dies funktioniert allerdings nur bedingt. Zum einen ist ein seitlicher Einzug des Substrates vorgesehen, der sowohl physisch durch einen entsprechenden Anschlag realisiert, als auch in der Software hinterlegt ist. Dies führt beim Druck auf Grüntape, aber auch bereits bei dickem Papier, zu Inhomogenität entlang des horizontalen Verlaufs des Druckbildes. Dies ist vermutlich auf eine leichte Schiefstellung der Walze zurückzuführen, die durch das einseitig zugeführte, relativ dicke Substrat verursacht wird. Während dieses Problem noch einfach durch einen mittigen Einzuges lösbar wäre, zeigte sich weiterhin ein defizitäres Druckbild am zuerst zugeführten Rand des Substrates. Auch hier liegt die Vermutung nahe, dass die Walze dafür ursächlich ist; genauer gesagt, dass ein Einschwingvorgang der Federn, die die Walze an den OPC anpressen, stattfindet und somit anfangs nicht der erforderliche Anpressdruck anliegt.

Während diese Schwachstellen durchaus durch konstruktive Optimierung beherrschbar wären, stellen die Druckergebnisse die grundsätzliche Eignung der Transfermethode in Frage. Die in **Bild 5.5** gezeigten Druckergebnissen lassen erste Rückschlüsse auf die Qualität des Transfers zu. Dabei sind mit identischen Parametern gedruckte Linien von Schwarz- und Silbertoner auf Papier bzw. Grüntape zu sehen. Die visuelle Begutachtung zeigt, dass generell der Übertrag bei Tape schlechter ist als bei Papier. Die Dichte von gedruckten Leiterbahnen und vor allem von Flächen ist, bei identischen Druckparametern, wesentlich geringer auf Grüntape.

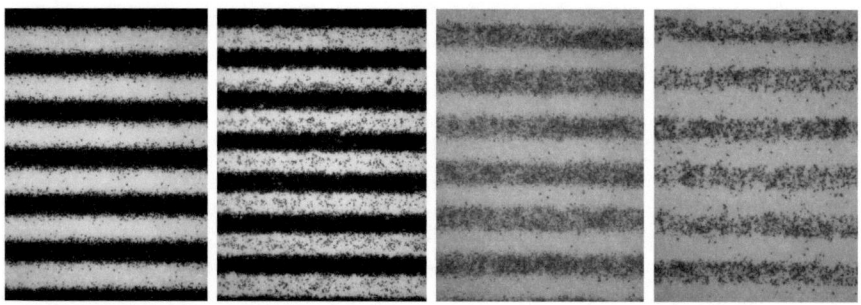

Bild 5.5: Druck von Linien mit einer nominalen Breite von fünf Pixeln (ca. 210 µm) in Konfiguration A, nicht fixiert, von links nach rechts: Schwarztoner auf Papier (1), auf Grüntape (2), C01 Silbertoner auf Papier (3) und auf Grüntape (4)

Weiterhin ist zu erkennen, dass bei einer auf Tape gedruckten (schwarzen) Linie mehr unerwünschte Tonerpartikel im Hintergrund, weniger Kantenschärfe und eine geringere Dichte festzustellen ist. Dieser Effekt verstärkt sich noch, wenn mit Silbertoner gedruckte Strukturen betrachtet werden. Die schlechteren Ladungseigenschaften des Silbertoners führen bereits auf Papier zu einer unbefriedigenden Liniendichte. Beim Druck auf Grüntape ist der Übertrag noch geringer. Zusätzlich wirken die Flächen äußerst inhomogen in Dichte und Tonerverteilung. Dabei ist allerdings zu beachten, dass hier mit C01 und somit mit einem Toner der ersten Generation gedruckt wurde, dessen Qualität nicht an die nachfolgenden Toner heranreicht.

Der Ursache für die schlechtere Druckqualität auf Tape kommt man näher, wenn man den Übertrag bei steigender Transferspannung untersucht (**Bild 5.6**). Mit steigender an der Transferwalze anliegender Spannung verstärkt sich das elektrische Feld zwischen Transferwalze und OPC. Dabei ist zu erwarten, dass die Menge des transferierten Toners mit steigender Spannung steigt. Allerdings ist ab einer bestimmten Spannung üblicherweise eine Sättigung erreicht, die eintritt, wenn sämtlicher auf dem OPC angebotener Toner auf das Substrat transferiert ist [AL-Rubaiey 01]. Die Untersuchung zeigt, dass bei Papier diese Erwartung erfüllt wird, so dass bei etwa 300 V eine Sättigung festzustellen ist.

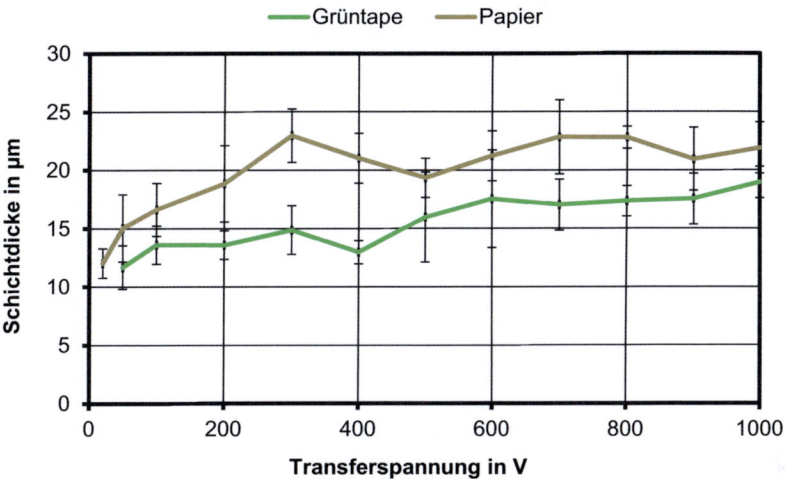

Bild 5.6: Transfer von Schwarztoner auf Papier und Grüntape in Konfiguration A, gemessen mit Weißlichtinterferometer, Balken für Standardabweichung [Büttner 11d]

Hingegen zeigt sich bei Grüntape eine konstante Steigung bis zum Erreichen der beim Versuchsdrucker maximal einstellbaren Spannung von 1000 V. Dort wird das Maximum an Schichtdicke erreicht, welches allerdings immer noch unterhalb des Niveaus von Papier liegt. Dabei sind zwar die erwähnten Einschränkungen der Messung mit dem Weißlichtinterferometer zu berücksichtigen (Kapitel 4.2), allerdings bestätigen die visuellen Untersuchungen diese Erkenntnis.

Bei einer Betrachtung der möglichen Ursachen für den geringeren Übertrag, lässt sich annehmen, dass der mechanische Anpressdruck der Transferwalze bei Grüntape genauso groß oder sogar größer (längerer Federauslenkung durch dickeres Tape → höhere Federkraft) ist. Folglich kann die Mechanik als Ursache ausgeschlossen werden. Somit ergibt sich die Vermutung, dass die durch das elektrische Feld auf den Toner ausgeübte Kraft bei Grüntape nicht ausreicht, um ihn vom OPC vollständig zu transferieren. Die resultierende Kraft ergibt sich laut Gleichung (2.1) aus dem Produkt der Tonerladung und der elektrischen Feldstärke. Da sich kein Zusammenhang zwischen der Höhe der Tonerladung und dem Substrat herstellen lässt, bleibt ein Einfluss des Grüntapes auf die Stärke des zwischen OPC und Transferwalze existierenden elektrischen Feldes zu vermuten, der nachfolgend untersucht werden soll.

5.2.2 Untersuchung transferrelevanter Eigenschaften von Grüntape

In einer visuellen Begutachtung zeigt sich, dass die Qualität des Transfers zwischen unterschiedlichen Grüntapevarianten in Konfiguration A ebenfalls variiert, d. h. dass auf einigen Tapes ein deutlich besseres Transferergebnis erzielt wird als bei anderen. Um die Ursachen dafür zu finden, müssen zuerst die relevanten Einflussgrößen identifiziert werden. Ein vollständiges Modell für den Tonertransfer existiert zwar [May 97], allerdings berücksichtigt dies sämtliche auf den Transfer wirkende Einflussfaktoren und dessen Anwendung ist somit aufgrund seiner Komplexität nicht zweckmäßig. Vielmehr wurden bereits in früheren Studien experimentell Einflussgrößen in einem identischen Transfermechanismus unter Berücksichtigung des Modells untersucht. Von Seiten des Substrates wurden dessen Dicke sowie dessen elektrische Eigenschaften identifiziert [AL-Rubaiey 01]. Betrachtet man den Spalt zwischen den beiden Rollen und idealisiert diese auf kleiner Fläche als parallel, lässt sich ein homogenes elektrisches Feld wie bei einem parallelen Plattenkondensator annehmen, für dessen Feldstärke E gilt:

$$E = \frac{U}{d} = \frac{Q}{\varepsilon_0 \, \varepsilon_r A} \, , \qquad (5.1)$$

wobei U die Transferspannung, d den Abstand zwischen OPC und Transferwalze, Q die Ladung und A die Fläche der Rollen im idealisierten Ausschnitt, ε_0 für die elektrische Feldkonstante und ε_r für die relative Permittivität steht. Charakteristisch für das Material ist dabei lediglich die stoffspezifische Permittivität ε_r. Zu deren Ermittlung werden acht unterschiedliche Sorten LTCC-Grüntape sowie zwei Sorten Papier (160 g/m²) in einem Versuchskondensator vermessen. Als Messgerät wird erneut das Sourcetronic ST 2826 LCR Meter genutzt, dass an zwei Zinkelektroden angeschlossen ist, zwischen denen das Tape bzw. Papier eingespannt wird. Dabei sind die elektrischen Eigenschaften beider Materialien zu modellieren, d. h. festzustellen, welches Ersatzschaltbild für die Tapes bzw. Papier gültig ist. In Frage kommen aufgrund der Eigenschaften der Stoffe sowohl ein Modell aus Parallel- als auch aus Reihenschaltung von Kapazität und Widerstand. Zur Untersuchung werden Scheinwiderstand und Phasenwinkel der Plattenanordnung bei unterschiedlichen Frequenzen aufgenommen.

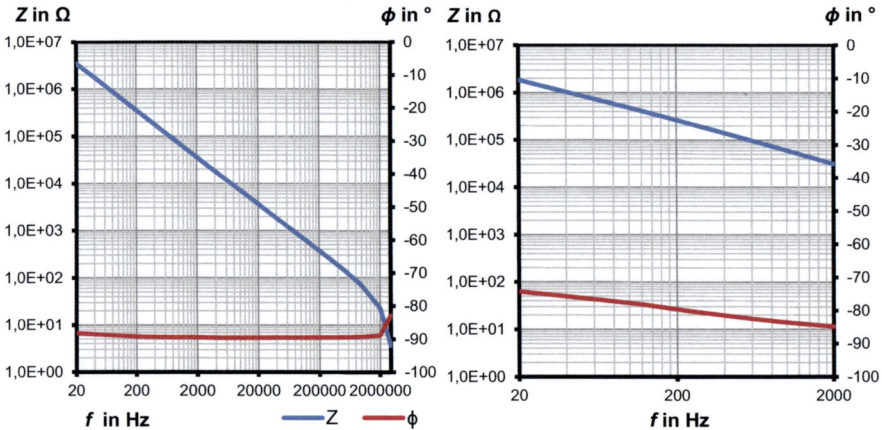

Bild 5.7: Messung von Phasenwinkel und Scheinwiderstand in Abhängigkeit der Frequenz, jeweils gemittelt über fünf Messungen von Tape A (links) und Papier B (rechts)

Bild 5.7 zeigt exemplarisch die Ergebnisse eines der untersuchten Tapes sowie eines Papiers. Der Frequenzverlauf beider Materialien zeigt ein nahezu ideal kapazitives Verhalten, was auf das Verhalten einer Parallelschaltung einer Kapazität mit einem außerordentlich hohen ohmschen Widerstand oder einer Reihenschaltung mit einem außerordentlich niedrigen ohmschen Widerstand hindeutet. Zur Verifizierung dieses Modell wird versucht, den Gleichstromwiderstand der Materialien zu bestimmen, der allerdings oberhalb des

Messbereichs des LCR-Meters liegt (100 MΩ). Es ist trotz unterschiedlicher Ansätze zur Ermittlung des Widerstandes nicht möglich, exakte Werte zu ermitteln. Jedoch handelt es sich bei beiden Materialien grundsätzlich um Nichtleiter, so dass von einem sehr großen Widerstandswert und somit vom Verhalten der Parallelschaltung auszugehen ist. Die Messergebnisse lassen Rückschlüsse zu, dass dieser für Papier im Gigaohm-Bereich anzusiedeln ist und bei Grüntape der Terraohm-Bereich erreicht wird. Da bei Grüntape die erwähnten dielektrische Eigenschaften bestehen und Papier als Isolator anzusehen ist, sind diese Ergebnisse durchaus plausibel.

Die o. a. Ergebnisse erlauben die Annahme eines rein kapazitiven Modells, was sich bei einer Untersuchung der weiteren Tapes bzw. Papiere durch einen identischen Verlauf bestätigt. Demzufolge lassen sich die in **Tabelle 5.1** aufgeführten relativen Permittivitäten der Substrate durch Messung der Kapazität C ermitteln, indem der sich aus Gleichung (5.1) abzuleitende Zusammenhang

$$\varepsilon_r = \frac{C \cdot d}{A \cdot \varepsilon_0} \qquad (5.2)$$

verwendet wird. In diesem Fall bezeichnet d jedoch die Dicke des Substrates und A die Fläche des Plattenkondensators.

Tabelle 5.1: Permittivität und Dicke der untersuchten Substrate (Mittelwerte von 3 Tapes Typ A und 5 Tapes/Papieren bei allen anderen)

Bezeichnung	Dicke in µm	ε_r
Tape A	268	3,04
Tape B	235	2,49
Tape C	357	3,16
Tape D	347	3,78
Tape E	371	3,59
Tape F	259	3,06
Tape G	240	2,71
Tape H	351	3,25
Papier A	163	2,08
Papier B	188	1,97

Es zeigt sich, dass die relativen Permittivitäten der Tapes zwischen 2,5 und 3,8 variieren und vor allem zwischen Tapes und Papier (2,0) ein Unterschied festzustellen ist. Die höhere Permittivität des Tapes sorgt gemäß Gleichung (5.1) für ein schwächeres elektrisches Feld und somit für eine geringere Kraft auf die Tonerpartikel. Nicht zu unterschätzen ist dabei aber auch der Einfluss der Dicke des Substrates, da diese bei dessen Zuführung für einen stärkeren Abstand zwischen Transferrolle und OPC und somit für einen höheren Abstand d sorgt, der laut Gleichung (5.1) ebenfalls einen Einfluss auf die ermittelte Permittivität hat.

Demnach kommen sowohl der hohe ohmsche Widerstandswert als auch die Permittivität bzw. die Dicke des Substrates als Einflussfaktoren in Frage. Aufgrund des nahezu kapazitiven Verhaltens von Papier und Tape erscheint ein Einfluss des Widerstands als sehr unwahrscheinlich, wodurch sowohl Dicke als auch Permittivität als plausibelste Ursachen erscheinen. Eine abschließende Verifikation der Ursache an einem geeigneten Drucker steht dabei jedoch noch aus, da diese aufgrund des Umbaus in Konfiguration B nicht mehr möglich ist.

5.2.3 Untersuchung des Transfers in Konfiguration B

Der zuvor untersuchte, unzureichende Tonertransfer auf Grüntape sowie der Wunsch, gesinterte Aluminiumoxid-Keramik zu bedrucken, bilden die Grundlage zur Umstellung der Transfermethode. Diesen Aspekten können auch die jeweiligen konstruktiven Veränderungen zugeordnet werden. Die robuste Oberfläche der Transferwalze ermöglicht den Druck auf variierende harte Substrate, während ein direkter Druck vom OPC ein hohes Risiko, dass dieser beschädigt wird, bergen würde. Weiterhin wäre eine äußerst präzise Einstellung des Transferspaltes notwendig, was zu erheblichen Einbußen bezüglich der Flexibilität führen würde. Der eigentliche Transfer auf das Substrat wird durch die Erzeugung einer Oberflächenladung mittels zweier Korotron realisiert. Dem liegt die Erwartung zu Grunde, dass die dielektrischen Eigenschaften des Grüntapes bzw. der Keramik eine homogene Oberflächenladung begünstigen und somit, unabhängig von der Dicke des Substrats, einen zufriedenstellenden Transfer ermöglichen. Wie die in **Bild 5.8** dargestellten Schichtdickenmessungen des übertragenen Toners zeigen, lässt sich diese Erwartung bestätigen.

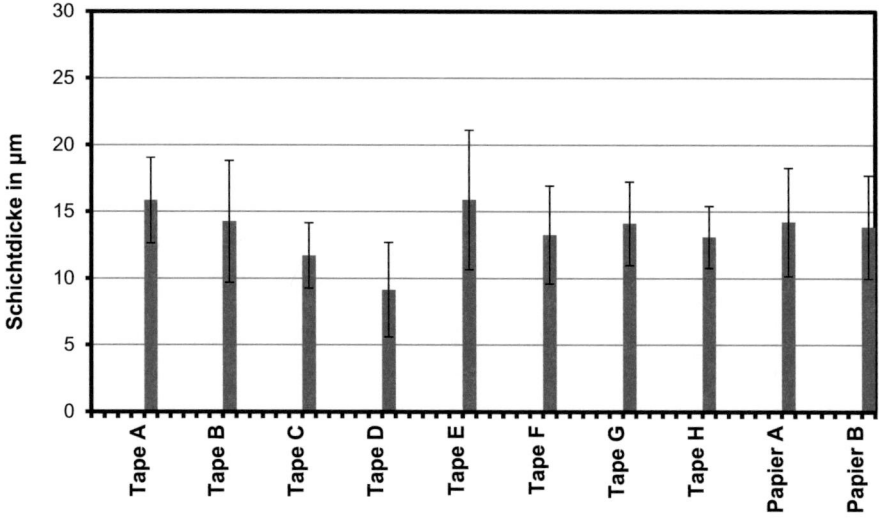

Bild 5.8: Schichtdicke beim Bedrucken unterschiedlicher Tapes in Konfiguration B, Schwarztoner, Messung mit dem Weißlichtinterferometer, Fehlerbalken für Standardabweichung [Büttner 11a]

Abgesehen von Tape D ist die Schichtdicke bei allen verwendeten Substraten vergleichbar, ein signifikanter Unterschied zwischen Papier und Tape lässt sich nicht mehr feststellen. Des Weiteren ist keine Korrelation zwischen den in Kapitel 5.2.2 ermittelten Parametern und dem Druckergebnis erkennbar, was folgern lässt, dass durch die Veränderung des Transfers diese Problematik gelöst ist. Begünstigt wird dies dadurch, dass sich die in Frage kommenden Substrate gut zum Erzeugen einer Oberflächenladung eignen. Andere Materialen wie beispielsweise Polymere oder Glas zeigen deutlich schlechtere Ladungseigenschaften [Diel 11].

Weiterhin ist der visuelle Eindruck des Druckbildes deutlich verbessert und die noch in Konfiguration A vorhandenen Rand- und Anfangsproblematiken treten nicht mehr auf. Generell lässt sich ein homogenes und zufriedenstellendes Druckbild feststellen, wie auch in **Bild 5.9** abgebildete Silbertonerlinie zeigt.

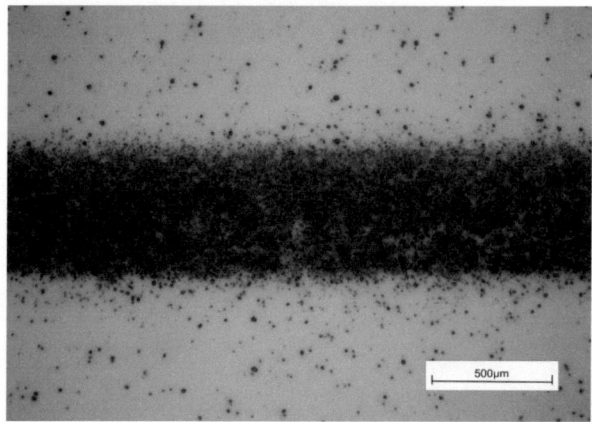

Bild 5.9: Silberlinie, mit C02 gedruckt, nicht fixiert und ungesintert, Einfachdruck auf Grüntape [Büttner 11a]

Allerdings ist diese Linie im Vergleich zu den zuvor gezeigten mit dem deutlich verbesserten Toner C02 (Kapitel 3.2) gedruckt worden. Weiterhin ist zu beachten, dass die absoluten Schichtdicken der in Konfiguration A auf Papier gedruckten Linien in Konfiguration B, zumindest bei Papier, nicht erreicht werden (Vergleich Bild 5.6 mit Bild 5.8). Bei Tape sind die Schichten jedoch vergleichbar dick, zudem lässt sich durch die verbesserte Homogenität der Transfer als optimiert betrachten.

Da die im weiteren Verlauf präsentierten Ergebnisse nahezu ausschließlich in Konfiguration B erzielt wurden, wird an dieser Stelle nicht weiter auf die resultierenden Druckergebnisse eingegangen. Diese werden in den folgenden Kapiteln dargestellt und in Kapitel 5.6 zusammengefasst und evaluiert. Allerdings sind zwei grundsätzliche Effekte noch zu erläutern: Zum einen der in **Bild 5.10** gezeigte Wischeffekt, der auftritt, wenn das bedruckte Grüntape vom Substratträger getrennt wird. Nach Abschluss des Druckvorganges besteht immer noch eine erhebliche Aufladung der Oberfläche. Dies wurde bereits im Zusammenhang mit der gravimetrischen Messung thematisiert (Kapitel 4.3). Wenn das Substrat vom Träger getrennt wird, sorgt die resultierende Ladungstrennung für eine Veränderung der elektrischen Feldstärke, was in einer Kraft auf die immer noch geladenen Tonerteilchen resultiert. Der Effekt lässt sich anschaulich mit einem Verwischen der Teilchen über die Oberfläche beschreiben und ist ein weiteres Beispiel für die elektrischen Eigenschaften des Grüntapes. Wie bereits auch schon bei der gravimetrischen Messung wurde die Problematik gelöst, in dem die Oberflächenladung durch einen Deionisator erfolgreich neutralisiert wurde.

Bild 5.10: Wischeffekt bei Trennung von Grüntape und Trägerplatte [Büttner 11a]

Der zweite Effekt ist eine Differenz zwischen der nominalen sowie der tatsächlichen Linienbreite. Es lässt sich feststellen, dass die gedruckten Linien breiter sind als nominal von der Software vorgegeben, wie in **Bild 5.11** zu sehen ist.

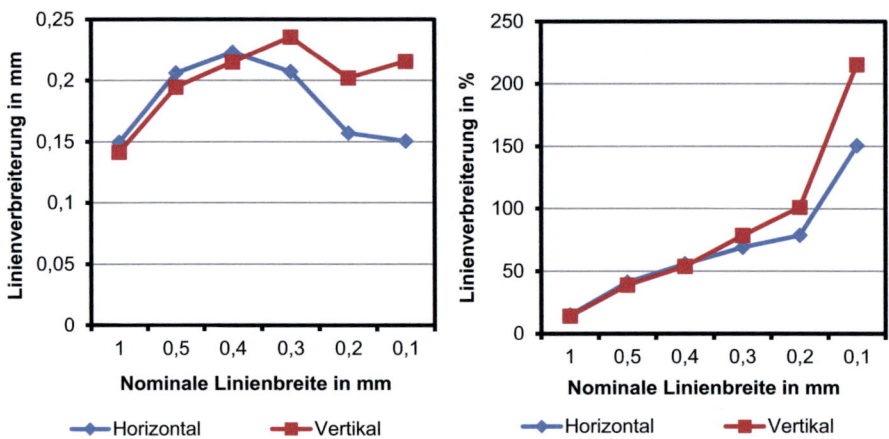

Bild 5.11: Verbreiterung vertikal und horizontal gedruckter, nicht gesinterter Linien, identische Druckparameter, Toner C03, Druck auf Keramik

Dabei handelt es sich nicht um eine Eigenheit der Konfiguration B, sondern um einen in der EP bekannten Effekt. Die Ursache dafür ist, dass die Ladungsträger nach der Belichtung des OPC (Kapitel 2.1.2) auf dem Weg durch die Transportschicht durch die Coulomb-Kräfte zwischen den Ladungsträgern sowie durch Oberflächenladungen auf der ladungserzeugenden Schicht seitlich abgelenkt werden. Diese von der Dicke der Transportschicht abhängige

Ablenkung sorgt dafür, dass die tatsächlich entladene Fläche größer ist als nominal vorgesehen [Watanabe 01] [Yokota 06]. Zudem entstehen weitere Defizite bei der Präzision aufgrund der Tatsache, dass nicht direkt vom OPC transferiert wird, sondern über die sich zwischen Substrat und OPC befindliche Transferwalze.

Daraus lassen sich zwei wesentlichen Folgerungen ableiten: Wie gezeigt, kann die absolute Linienverbreiterung als nahezu konstant angesehen werden. Das macht diese bei relativ breiten Leiterbahnen vernachlässigbar, sorgt aber im Gegenzug bei relativ dünnen Leiterbahnen für eine erhebliche Abweichung. Die Präzision, die eine Auflösung von 600×600 dpi prinzipiell verspricht, und die für die Dickschichttechnik benötigt wird, kann so nicht erreicht werden.

Weiterhin ist nachfolgend zwischen der nominalen und der tatsächlichen Linienbreite zu unterscheiden. Die Nutzung der nominalen Linienbreite ist somit als Druckparameter zu sehen, deren Nutzung aus Gründen der Vergleichbar- und Anschaulichkeit durchaus zweckmäßig ist. Allerdings wird beispielsweise bei der Berechnung des Flächenwiderstands die tatsächliche Linienbreite herangezogen.

5.2.4 Einfluss der Druckparameter

Bereits an den zuvor beschriebenen Ergebnissen zeigt sich, dass die Parameter des Druckvorganges je nach Konfiguration und je nach Untersuchungsgegenstand einen variierenden Durchgriff auf das Druckerergebnis haben. Vorangestellt ist grundsätzlich zu betrachten, dass bei neuen Entwicklungen im elektrofotografischen Druck eine Anpassung der Druckumgebung, des Druckerdesigns und der einstellbaren Parameter an den Toner und die Zielvorstellungen stattfindet. Dies geschieht zumeist iterativ, d. h. aus der Anpassung gewonnene Erkenntnisse fließen ständig in den Weiterentwicklungsprozess aller Komponenten ein, bis das gewünschte Ergebnis erreicht ist. Diese Schritte sind Bestandteil der Etablierung eines Industrieprozesses und somit ist die Anpassung der Parameter sehr spezifisch. Folglich werden in diesem Kapitel diejenigen Erkenntnisse zusammengefasst und erläutert, bei denen ein grundsätzlicher Einfluss auf den Druck von Leiterbahnen besteht.

Dabei werden **mechanische Parameter**, wie beispielsweise der Spalt des *doctor blade* oder der Abstand zwischen Entwickler und OPC, nur derart betrachtet, dass eine passende Einstellung gefunden und über die gesamte Studiendauer genutzt wird, so dass die Druckergebnisse vergleichbar sind. Dies liegt sowohl an konstruktionsbedingten Ursachen (präzise Variationen sind nicht möglich), als auch daran, dass diese z. T. vom Carrier abhängen bzw. durch diesen bedingt sind.

Unter **elektrische Parameter** lassen sich alle, über die Benutzersoftware des Druckers einstellbaren und über den Controller des Druckers geregelten Stellgrößen zusammenfassen. Dazu zählen die Bias-Spannung (liegt an der Entwicklerstation an), die Transfer-Spannung (liegt an der Transferrolle an), die Spannung der Lade-Corona, die Gitterspannung an der Corona, die Belichtungszeit des OPCs sowie die Druckgeschwindigkeit.

Die Variation der an den einzelnen Komponenten anliegenden Spannungen hat in Konfiguration A eine größere Bedeutung als in Konfiguration B. Durch die gewählte Transfermethode hat die Transferspannung großen Einfluss auf das Druckergebnis (Bild 5.6). Die besondere Form der Entwicklung über eine Konditionierungswalze (an der ebenfalls eine Spannung anliegt) lässt ebenfalls einen erheblichen Einfluss der beteiligten Spannungen auf das

Druckergebnis erkennen. Auf die Vertiefung dieser Ergebnisse wird an dieser Stelle verzichtet, stattdessen liegt der Fokus aufgrund der deutlich größeren Bedeutung für diese Studie auf Konfiguration B.

In dieser Konfiguration führen größere Variationen der Spannungen unter Ausnutzung der vollen Bandbreite zu Systemausfällen des Druckers. Bedingt ist dies laut Hersteller durch den direkten Kontakt zwischen den Komponenten, der bei zu hohen Spannungsdifferenzen zu Störungen des Drucker-Controllers führt. Kleinere Variationen ergeben keinen wesentlichen Erkenntnisgewinn, so dass *Bias*- (an der Entwicklerstation anliegend) und Transferspannung dauerhaft mit konstanten, voreingestellten Werten betrieben werden. Dies gilt auch für die durch austauschbare Dioden erzeugte Gitterspannung, die die Ladung des OPCs erzeugt (Kapitel 2.1.1). Zudem bietet die Druckgeschwindigkeit keine für den hier gewählten Untersuchungsgegenstand relevanten Erkenntnisse.

Einer ausführlicheren Betrachtung bedarf der Einfluss der Belichtungszeit. Diese ist definiert als die die Zeitdauer der Beleuchtung eines Punktes (*dot*) auf der Transferwalze durch die jeweilige LED des Zeichengenerators. Der vorher geladene OPC wird an dieser Stelle selektiv entladen. Dabei gilt: je länger die Belichtung, desto tiefer die Entladung, desto größer der Potenzialunterschied zwischen Entwicklerstation und OPC. Dabei vergrößert sich jedoch ebenfalls der Durchmesser des Bildpunkts [Goldmann 00]. Dieser Effekt ist in **Bild 5.12** deutlich zu erkennen.

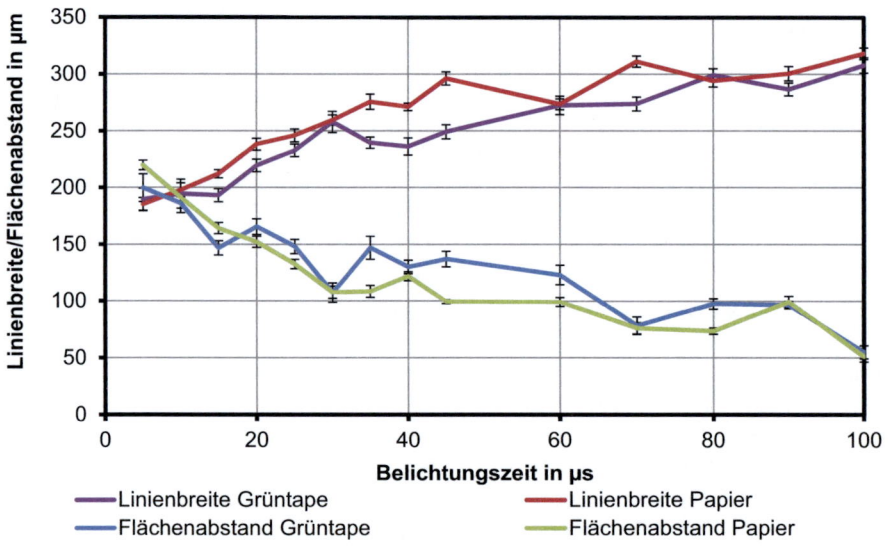

Bild 5.12: Linienverbreiterung und Abstandsverkleinerung über Belichtungszeit, horizontale Linie, nominale Breite Linie/Freifläche 5 Pixel (à nominal 42 µm), Schwarztoner, jeweils 5 Messpunkte, Balken stellen Standardabweichung dar

Bei diesem Experiment wird die Belichtungsdauer variiert und dabei die tatsächliche Linienbreite einer Linie mit nominal fünf Pixeln Breite bzw. der ebenfalls nominal fünf Pixel breite Abstand zwischen zwei Flächen vermessen. Es zeigt sich, dass unabhängig vom Substrat mit steigender Belichtungsdauer die Breite der Linien zunimmt. Ebenso verringert sich der

Abstand der Flächen. Dieser bekannte und erwartete Zusammenhang ist in Verbindung mit der bereits beschriebenen Problematik der Linienverbreiterung zu bewerten. Dabei ist übrigens kein erkennbarer Unterschied zwischen vertikalen Linien und den hier dargestellten horizontalen Linien festzustellen, wie vielleicht aufgrund der Drehbewegung des OPCs zu erwarten wäre (Diese hat folglich einen vernachlässigbaren Einfluss auf die Bildpunktgröße). Im Zusammenhang mit der im Bereich der Dickschichttechnik verlangten hohen Auflösung ist somit der Belichtungszeit besondere Beachtung zu schenken. Dazu gilt es abzuschätzen, bei welcher Belichtungszeit eine ausreichend gute Entwicklung des Toners in Verbindung mit akzeptablen Einbußen bei der Auflösung erreicht werden kann. Dabei ist normalerweise zu erwarten, dass der Übertrag eine Sättigung erreicht, sobald der Bildpunkt auf dem OPC vollständig entladen ist. Bei Schwarztoner tritt dieser Effekt auch ein, wie auf der linken Seite von **Bild 5.13** zu erkennen ist. Hierbei unterscheiden sich die Messwerte bei vertikalen Linien wiederum nicht erheblich von den hier dargestellten horizontalen.

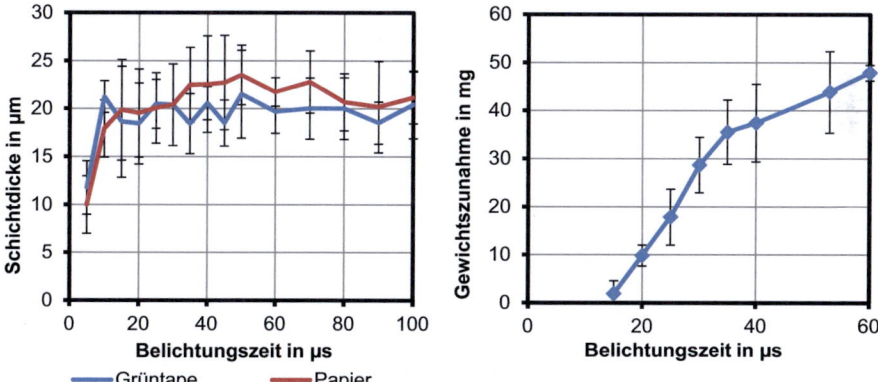

Bild 5.13: Links: Schichtdicke von Schwarztoner über Belichtungszeit, horizontale Linie, 5 Pixel (à 42 µm) breite Struktur, je 5 Messstellen; rechts: Gewichtszunahme über Belichtungszeit, Toner C01, Flächenmuster auf 4×4 Zoll² Grüntape, je 6 Substrate, Fehlerbalken repräsentieren Standardabweichung

Während bei Schwarztoner bereits bei einer Belichtungszeit von 15 µs die Sättigung erreicht ist, ist bei der auf der rechten Seite von Bild 5.13 gezeigten Messung der Gewichtszunahme bei Silbertoner eine konstante Steigung im Messbereich bis 60 µs zu bemerken. Bei der Gewichtsmessung wurde jedoch eine Fläche gedruckt, deren Ergebnisse mit denen einer Linie nicht direkt vergleichbar sind. Eine Messung von Silberleiterbahnen mit dem Weißlichtinterferometer ist aufgrund der in Kapitel 0 vorgestellten Eigenarten der Messmethoden nicht möglich.

Dabei ist erkennbar, dass die Dichte der Flächen mit jedem Druckvorgang zunimmt. Ein schlüssiger Erklärungsversuch ist dabei die geringere Qualität des Silbertoners. Bei Schwarztoner würde die Sättigung aufgrund dessen guter Ladecharakteristik schon bei einer relativ geringen Entladung des Bildpunktes erreicht, während hingegen beim Silbertoner eine deutlich höhere Entladung nötig ist. Dafür spricht, dass die Ergebnisse mit dem relativ gering entwickelten C01 erzielt wurden. Allerdings kann beim höherwertigen C02 die gleiche Tendenz festgestellt werden. Die Qualitätsunterschiede zum Schwarztoner sind bei beiden Tonern noch deutlich erkennbar.

Somit ergibt sich die Notwendigkeit einer intensiven Betrachtung der Belichtungszeit bei der Weiterentwicklung des Druckprozesses. Dabei sind die Anforderungen an die Auflösung gegen den gewünschten Auftrag abzuwägen, wobei dies stark von der Qualität des eingesetzten Toners abhängt. Es gilt, die Entwicklung des Silbertoners soweit voranzutreiben, dass der maximale Übertrag mit möglichst geringer Belichtungszeit erreicht wird und infolgedessen eine höhere Auflösung möglich wird.

Für die folgenden Experimente wird eine konstante Belichtungszeit von 25 µs gewählt, mit der sich in der Abwägung von Druckbild und Übertrag gute Ergebnisse erzielen lassen. Ebenso werden die zuvor beschriebenen elektrischen Parameter konstant in einem Bereich gewählt, der bei Schwankungen der Tonerqualität gute Ergebnisse verspricht. Somit erfolgt ein Großteil der Untersuchungen mit den in **Tabelle 5.2** dargestellten *default*-Parameter, so dass ein Vergleich der Ergebnisse möglich ist.

Tabelle 5.2: *Default*-Parameter für elektrische Stellgrößen

Parameter	*default*-Wert
Bias-Spannung	-450 V
Transfer-Spannung	350 V
Corona-Spannung	-6000 V
Gitterspannung	900 V
Belichtungszeit	25 µs
Druckgeschwindigkeit	5 m/min

Ein weiterer Faktor mit messbarem Einfluss auf das Druckergebnis ist die geometrische Ausrichtung von zu druckenden Leiterbahnen. Dabei bestehen erkennbare Unterschiede zwischen **vertikal** (d. h. parallel zur Druckrichtung) und **horizontal** (d. h. orthogonal zur Druckrichtung) verlaufenden Linien. Dies zeichnet sich bereits bei der Untersuchung der Linienverbreiterung (Bild 5.11) ab. Hier lässt sich feststellen, dass die Verbreiterung bei vertikal verlaufenden Linien etwas ausgeprägter ist.

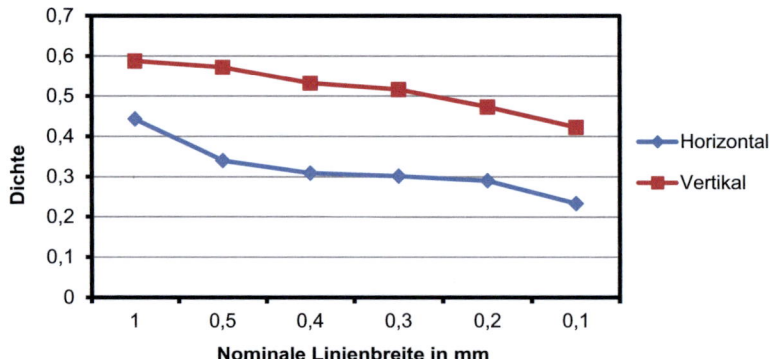

Bild 5.14: Optische Dichte horizontal und vertikal verlaufender Silberlinien (C03), gemessen mit dem PIAS II gemäß ISO 13660

Betrachtet man hingegen die Qualität der Linien, lässt die visuelle Bewertung auf eine höhere Qualität der vertikal verlaufenden Linien schließen. Dies bestätigt sich durch eine Untersuchung der Dichte von horizontal und vertikal verlaufenden Silberlinien mit dem PIAS II. Wie in **Bild 5.14** zu sehen ist, sind vertikal verlaufenden Linien bei einfachem Druck bereits deutlich dichter als horizontal verlaufende Linien. Dies ist bei der zuvor im Rahmen der Betrachtung des Einflusses der Belichtungszeit betrachteten Schichtdickenmessung nicht ins Gewicht gefallen ist. Als Erklärung sind sowohl der allgemein bessere Übertrag von Schwarztoner als auch die beschriebenen Einschränkungen bei der Weißlichtinterferometer-Messung (Kapitel 4.2) denkbar.

Als Ursache lässt sich vermuten, dass die Empfindlichkeit des Silbertoners und die resultierende, ohnehin geringere optische Dichte, diesen Effekt erst sichtbar machen. Für den Druck von Leiterbahnen, insbesondere für die Realisierung der Leitfähigkeit, ist eine hohe Dichte der gedruckten Linie erstrebenswert. Folglich hat die Ausrichtung der Linie erheblichen Einfluss auf das Druckergebnis. Zusammenfassend lässt sich beobachten, dass vertikal verlaufende Linien bessere Ergebnisse als horizontal verlaufende Linien liefern. Es ist jedoch noch zu überprüfen, welchen Durchgriff dieser Effekt nach mehr als einem Druckvorgang hat.

5.2.5 Mehrfachdruck

Vor der Untersuchung von mehrfachgedruckten Strukturen sind einige Grundlagen zum Mehrfachdruck zu erläutern. Wenn bei einer Leiterbahn die Leitfähigkeit nach einem Druckvorgang unzureichend ist, stellt der von anderen Druckverfahren (z. B. Inkjet) bekannte Mehrfachdruck eine Möglichkeit dar, um dennoch das gewünschte Ziel zu erreichen. Dabei ist dieselbe Struktur möglichst genau mehrfach übereinander zu drucken, um die Dichte der Struktur und somit die Menge des Silbers in der Leiterbahn zu erhöhen. Die Besonderheiten des Verfahrens und die gewonnenen grundlegenden Erkenntnisse sollen anhand einer Studie gezeigt werden. Dabei werden mit dem Toner C03 Leiterbahnen mit variierender Breite und Ausrichtung auf bereits gebrannte Aluminiumoxid-Keramiken gedruckt. Die Anzahl der Druckvorgänge wird von Keramik zu Keramik gesteigert. Anschließend werden die bedruckten Keramiken bei einer Temperatur von 875 °C gesintert. **Bild 5.15** zeigt die resultierenden Leiterbahnen.

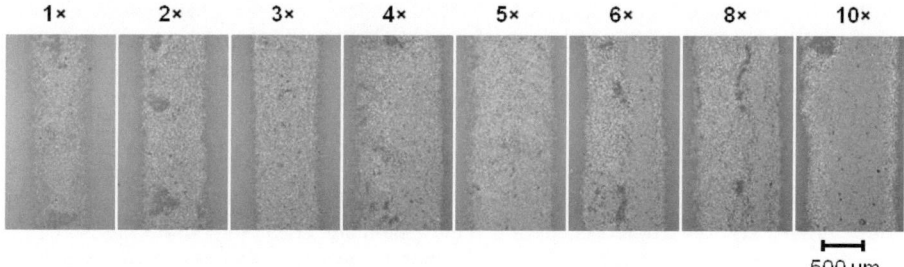

Bild 5.15: Silberleiterbahnen (C03), vertikal auf Keramik gedruckt, *Postfiring*, nominale Breite 0,5 mm; oberhalb der Bilder ist die Anzahl der Druckvorgänge aufgeführt; Bildausschnittgröße identisch

Der subjektive visuelle Vergleich lässt bereits erste Rückschlüsse darauf zu, dass die Dichte der Linien mit steigender Anzahl an Druckvorgängen zunimmt, bis bei etwa vier oder fünf Druckvorgängen keine Steigerung mehr erkennbar ist. Dabei treten auch bei höherer Anzahl noch vereinzelte Fehlstellen auf, die kaum mit Silber bedeckt zu sein scheinen. Weiterhin fällt auf, dass die Linien mit jedem Druckvorgang etwas breiter werden. Lediglich beim Einfachdruck lässt sich eine tatsächliche Breite im Bereich der nominalen von 0,5 mm erkennen.

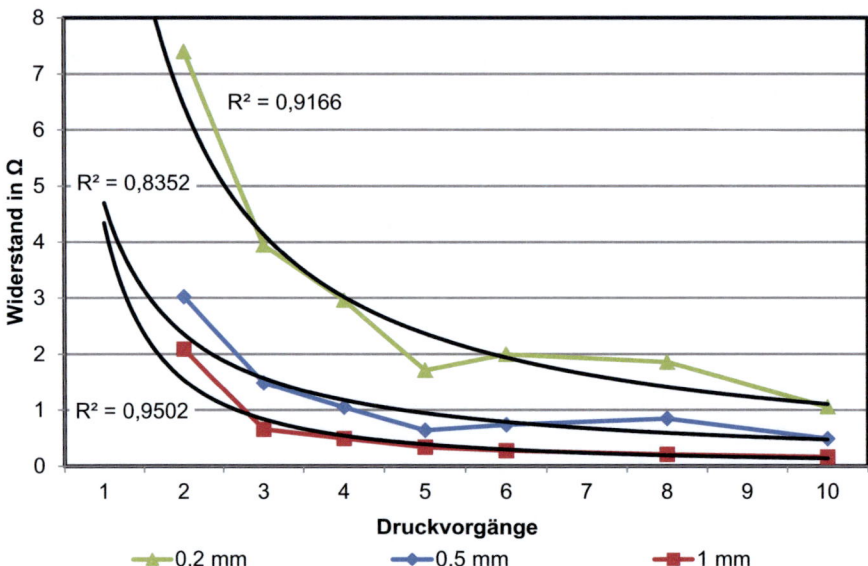

Bild 5.16: Elektrischer Widerstand von vertikalen Leiterbahnen unterschiedlicher nominaler Breite, mit steigender Anzahl von Druckvorgängen, gemessen über einer Länge von 94 mm, Bestimmtheitsmaße der Regressionsfunktionen Grafik integriert

Bild 5.16 zeigt die Ergebnisse der Messung des elektrischen Widerstands der oben gezeigten Linien sowie ebenfalls auf dasselbe Substrat gedruckter Linien mit anderer nominaler Breite. Erst nach zwei Druckvorgängen besteht Leitfähigkeit, der Einfachdruck ist nicht leitfähig. Der Zweifachdruck weist noch einen vergleichsweise hohen Widerstand auf, ab dem Dreifachdruck ist eine relativ homogene Abnahme des Widerstandes mit jedem Druckvorgang erkennbar. Gemäß Definition berechnet sich der Widerstand zu

$$R = \rho \cdot \frac{l}{A}. \qquad (5.3)$$

Bei gleicher Länge *l* und spezifischem Widerstand ρ sollte bei gleichmäßigem Auftrag pro Druckvorgang sich die Querschnittsfläche *A* der Leiterbahn linear vergrößern und somit der Widerstand hyperbelförmig fallen. Dies bestätigten die gezeigten Ergebnisse, wie sich auch anhand der Regressionsfunktionen zeigt. In Einklang mit den physikalischen Grundlagen lässt sich belegen, dass der regelmäßige Auftrag beim Mehrfachdruck den Querschnitt der Leiterbahn linear vergrößert und der ohmsche Widerstand entsprechend sinkt.

Weiterhin ist der Widerstand bei den schmaleren Leiterbahnen höher als bei breiteren, was sich zwangsläufig aus der Definition des Widerstandes gemäß Gleichung (5.3) ergibt. Um den auftretenden Effekt auszugleichen wird in der Dickschichttechnik allgemein der in **Bild 5.17** aufgetragene Flächenwiderstand R_{sq} betrachtet.

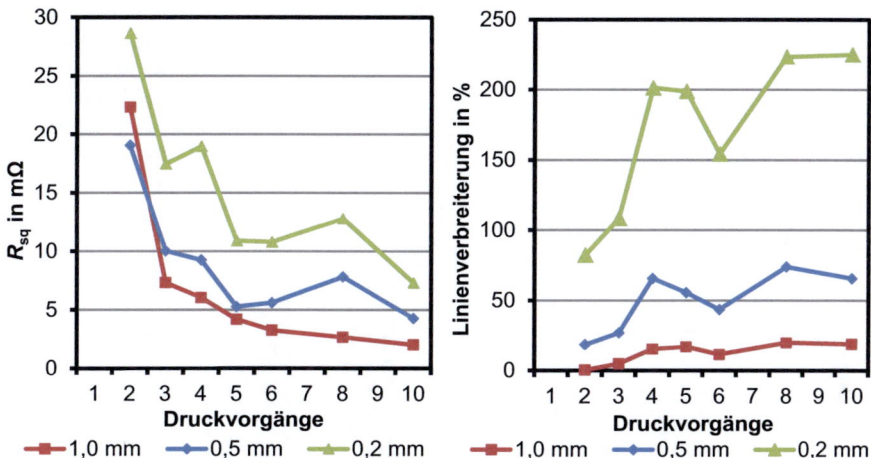

Bild 5.17: Links: Flächenwiderstand über Druckvorgänge [Büttner 11b]; rechts: Linienverbreiterung der gesinterten Silberleiterbahnen über Druckvorgänge; Linien unterschiedlicher nominaler Breite

Auch beim Flächenwiderstand ergibt sich ein höherer Wert bei schmaleren Linien. Dies dürfte gemäß Gleichung (4.2) nicht der Fall sein, da eine Normierung auf Breite und Länge erfolgt und somit nur noch die Höhe der Leiterbahn ausschlaggebend ist. Dabei ist zuerst die beschriebene Problematik der Bestimmung der tatsächlichen Breite zu bedenken (Kapitel 4.4), allerdings kann deren Einfluss aufgrund der Verwendung identischer Kriterien sowie der steigenden Dichte beim Mehrfachdruck als vernachlässigbar erachtet werden. Von deutlich größerer Bedeutung dürfte somit die im rechten Teil von Bild 5.17 dargestellte, in erheblichem Ausmaß stattfindende Linienverbreiterung sein. An dieser Stelle werden die Nachteile des Mehrfachdruckes besonders deutlich.

Zusätzlich zur bereits behandelten Linienverbreiterung beim Einfachdruck werden hier die Einschränkungen deutlich, die bei der Auslegung des Druckerprototyps eingegangen werden müssen. Vor allem der in Konfiguration B stattfindende Transport des Substrates auf einem Träger über ein Band geht zu Lasten der Passergenauigkeit des Drucks. Dabei wird das Substrat nicht eindeutig erfasst und der Druck danach ausgerichtet, sondern lediglich der Träger. Die Ausrichtung erfolgt durch einen mechanischen Anschlag, die anschließende Freigabe des Druckvorganges erfolgt durch eine Lichtschranke. In Verbindung mit der Auflösung und der ohnehin bekannten Linienverbreiterung ist davon auszugehen, dass die Linien nicht bei allen Druckvorgängen präzise überdruckt werden. Weiterhin ist auch von einem mechanischen Druck der Transferwalze auf die in früheren Druckvorgängen gedruckten Leiterbahnen auszugehen. Ebenfalls ist die elektrische Ladung der Transferwalze zu berücksichtigen. Durch das entstehende elektrische Feld kann nicht ausgeschlossen werden, dass der sich bereits auf dem Substrat befindliche Toner beeinflusst wird, d. h.

entweder seine Position verändert oder er teilweise oder vollständig vom Substrat genommen wird.

In diesem Zusammenhang wird auch untersucht, wie sich eine Fixierung des Toners auf den Tonerauftrag auswirkt, bzw. ob durch die elektrische Ladung Toner vom Substrat wieder abgetragen wird. Dazu werden 2×2 Zoll² Grüntapes mit einem Testmuster mehrfach bedruckt, wobei eine Serie zwischen den Druckvorgängen fixiert wird und eine weitere Serie ohne Fixierung die mehrfachen Druckvorgänge durchläuft. Wie **Bild 5.18** zeigt, lässt sich kein großer Unterschied feststellen, allerdings ist anzumerken dass das Testmuster in diesem Fall hauptsächlich aus einer Fläche bestand und somit der Einfluss auf feine Linien nicht untersucht wird.

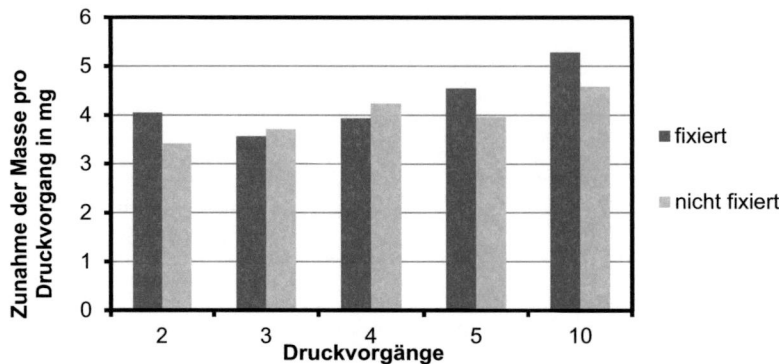

Bild 5.18: Gewichtszunahmen von 2×2 Zoll² Grüntapes, eine Serie fixiert, eine Serie nicht fixiert zwischen den Druckvorgängen, Toner C01 [Büttner 11d]

Für die im weiteren Verlauf der Studie vorgestellten Untersuchungen wird keine Fixierung der Tapes zwischen den einzelnen Druckvorgängen vorgenommen, da durch die Erwärmung Auswirkungen auf das Substrat, insbesondere bei Grüntape, befürchtet werden. Weiterhin ließen sich die Leiterbahnen auf dem Substrat-Träger nur schlecht fixieren, da dieser vermutlich die Wärme ableitet und die Wärmeaufnahme des hellen Silbertoners offenbar niedriger ist als bei Schwarztoners (hier beträgt diese etwa 95 %). Ein Entfernen des Substrates vom Träger hätte dabei die ohnehin ungenügende Passergenauigkeit des Druckes in nicht kompensierbarem Maße weiter reduziert.

 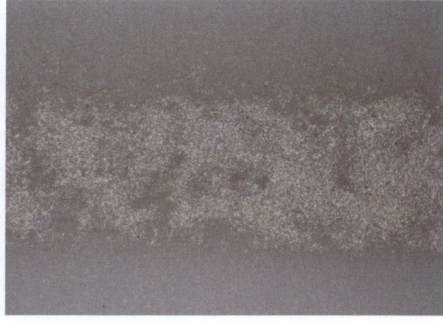

Bild 5.19: Fünffach-Druck von Silberleiterbahnen, vertikal (links) bzw. horizontal (rechts), Toner C03, *Postfiring*-Prozess

Bereits im vorigen Kapitel hat sich gezeigt, dass eine vertikale (in Druckrichtung) bzw. eine horizontale (orthogonal zur Druckrichtung) Ausrichtung der Leiterbahnen erheblichem Einfluss auf die Druckqualität hat. Dieser Effekt besteht auch noch nach mehreren Druckvorgängen, wie in **Bild 5.19** zu sehen ist. Die Qualitätsunterschiede sind bereits beim Vergleich beider Aufnahmen deutlich zu erkennen. Die auf der rechten Seite gezeigte, horizontal gedruckte Leiterbahn weist deutliche Fehlstellen bzw. Lücken auf. Es scheint nicht annähernd so viel Silber aufgebracht worden zu sein, wie bei der vertikalen gedruckten Leiterbahn. Dies wird auch durch die in **Tabelle 5.3** gezeigten Ergebnisse der Widerstandsmessung bestätigt.

Tabelle 5.3: Flächenwiderstand vertikaler und horizontaler Silberleiterbahnen, Toner C03, Fünffachdruck, *Postfiring*-Verfahren [Büttner 11b]

Nominale Linienbreite	R_{sq} vertikal	R_{sq} horizontal
1,0 mm	4,2 mΩ	13,0 mΩ
0,5 mm	5,3 mΩ	35,3 mΩ
0,2 mm	10,9 mΩ	81,5 mΩ

Zusätzlich zu den höheren Widerständen weisen die horizontal gedruckten Linien auch eine hohe Ausfallrate auf. Zudem bedarf es mindestens vier Druckvorgänge, um Leitfähigkeit herzustellen, und zehn Durchgänge, um die Ausfallrate auf 0 % zu reduzieren. Die Ursache dafür lässt sich nicht abschließend klären. Vergleichbare Effekte im grafischen Druck sind nicht bekannt, es ist aber nicht auszuschließen, dass dieser Effekt im grafischen Druck trotzdem existiert und bei den hochentwickelten Ladungsverhalten grafischer Toner lediglich nicht detektierbar ist. Weiterhin ist zu vermuten, dass es sich um eine Eigenart der in der in Konfiguration B gewählten Transfermethode oder der Konstruktion des Druckers handelt. Hier besteht weiterer Forschungsbedarf.

Die gezeigten Ergebnisse lassen sich dabei sehr gut anhand der Messung der optischen Dichte mit dem PIAS II nachvollziehen, wie in **Bild 5.20** zu sehen ist. Der Verlauf der Messwerte beim Vertikaldruck zeigt ein Ansteigen etwa bis zum vierten Druckvorgang, um anschließend eine Sättigung zu erreichen. Dies entspricht auch in etwa dem Verhalten des Widerstandes, der nach etwa vier bis fünf Druckvorgängen homogen verläuft. Dies legt den

Schluss nahe, dass zu diesem Zeitpunkt eine maximale optische Dichte der Leiterbahn erreicht ist und durch weitere Druckvorgänge nur noch die Schichtdicke erhöht wird. Die Ergebnisse der Widerstandsmessung legen einen Grenzwert von etwa 0,6 nahe, ab dem von durchgehender Silberfläche und somit von Leitfähigkeit gesprochen werden kann. Dabei ist zu beachten, dass dieser Grenzwert spezifisch für die Farbe von C03 ist und bei anderen Tonern in einem anderen Bereich liegen kann. Auch spiegeln sich die gewonnenen Erkenntnisse beim Horizontaldruck in den Dichtemessungen wider. Der Verlauf ist inhomogen, erst beim Vierfach- bzw. Fünffachdruck wird der Grenzwert für die optische Dichte von 0,6 überschritten, was den ersten leitfähigen Bahnen entspricht. Die 1,0 mm Linie zeigt sich am wenigsten anfällig und ähnelt noch am meisten den Werten beim Vertikaldruck. Aber insbesondere bei den dünneren Linien wird die notwendige Dichte erst nach acht bis zehn Druckvorgängen erreicht. Dieser Verlauf bildet mit den in Kapitel 4.1.2 beschriebenen Eigenschaften einen brauchbaren Hinweis zur Interpretation der Dichtemessungen des PIAS und liefert gleichzeitig eine wechselseitige Bestätigung der Messdaten durch unterschiedliche Methoden.

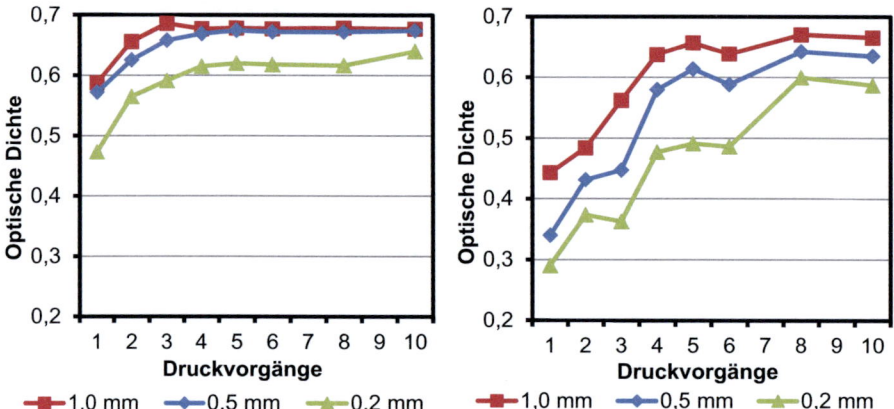

Bild 5.20: Optische Dichte der ungesinterten Leiterbahnen mit PIAS II über Druckvorgänge; links vertikal gedruckt; rechts horizontal gedruckte Leiterbahnen

Zusammenfassend stellt der Mehrfachdruck eine Möglichkeit dar, die Dichte der Leiterbahnen und – wie sich aus der Entwicklung der Widerstandswerte ableiten lässt – deren Schichtdicke mit jedem Druckvorgang zu erhöhen. Durch das zusätzlich aufgebrachte Silber sinken die Widerstandswerte. Allerdings ist dieser Erfolg mit einigen unerwünschten Nebeneffekten verbunden. Die Linien verbreitern sich mit jedem Druckvorgang und insbesondere der Druck dünner Linien (< 0,5 mm) ist somit nur sehr eingeschränkt möglich. Durch diese auf den technischen Entwicklungsstand des Drucker-Prototypen zurückzuführenden Nebeneffekte verlaufen die Widerstandswerte, insbesondere der Flächenwiderstand, über die Druckvorgänge betrachtet, relativ inhomogen. Des Weiteren lassen sich die starken Differenzen in der Druckqualität zwischen horizontal und vertikal gedruckten Linien durch den Mehrfachdruck nicht ausgleichen.

Die gewonnen Erkenntnisse haben zur Konsequenz, dass zur Evaluierung der Tonerqualität nur vertikal gedruckte Leiterbahnen betrachtet werden. Dabei werden hauptsächlich Leiterbahnen mit vier oder fünf Druckvorgängen gedruckt, da mit dieser Anzahl an Druckvorgängen der beste Kompromiss zwischen Linienverbreiterung und Leitwerten besteht.

Als Fazit lässt sich dabei ein Entwicklungsbedarf des Transferprozesses des Druckers erkennen, um höhere Passergenauigkeit und Auflösung zu erreichen. Weiterhin bestätigen die beschriebenen Nachteile die Bestrebungen, die Effizienz des Übertrages soweit zu verbessern, dass ein einziger Druckvorgang ausreicht. Nichtsdestotrotz stellt sich der Mehrfachdruck vorerst als einzig anwendbar Möglichkeit dar, mit der die Zielsetzungen bezüglich Leitfähigkeit erreicht werden können.

5.2.6 Transferverbesserung durch Oberflächenbehandlung des Substrats

Um die benötigten mehrfachen Druckvorgänge soweit wie möglich zu reduzieren, und dem ursprünglichen Ziel einen weiteren Schritt näher zu kommen, müssen die Potenziale im Tonertransfer besser genutzt werden. Nachdem in Kapitel 5.2.2 gezeigt wird, dass die elektrischen Eigenschaften des Grüntapes in Konfiguration B aufgrund der gewählten Transfermethode mittels einer Oberflächenladung keinen nachweisbaren Einfluss auf den Transfer haben, erfolgt nun eine Behandlung der Oberfläche des Substrates als nächster Schritt. Insbesondere die Differenzen der Schichtdicke bei Schwarztoner zwischen den Konfigurationen A und B sowie die Menge an Tonerabfall in der Reinigungseinheit der Transferwalze legen nahe, dass ein erheblicher Teil des Toners der vom OPC auf die Transferwalze übergeht, nicht auf das Substrat transferiert werden kann.

Um den Anteil der transferierten Tonerpartikel zu steigern kommt eine Beschichtung mit einer Leitfähigkeitslösung zur Anwendung, wobei es sich laut Druckerhersteller CTG um ein Statik-Fluid auf Kochsalzbasis des Herstellers Tiger handelt. Mittels *spin coating* wird damit die Oberfläche von 2×2 Zoll² Grüntapes beschichtet. Als zusätzliche Referenz zu den unbeschichteten Tapes wird bei weiteren Tapes Ethylzellulose im gleichen Verfahren aufgetragen. Die Substrate werden anschließend unter Wärmezufuhr getrocknet und mit einem Testmuster einfach bedruckt und fixiert. Wie die Ergebnisse auf der linken Seite von **Bild 5.21** zeigen, lässt sich durch die Leitfähigkeitslösung eine leichte Steigerung des Transfers erreichen, während die Ethylzellulose den Transfer hemmt.

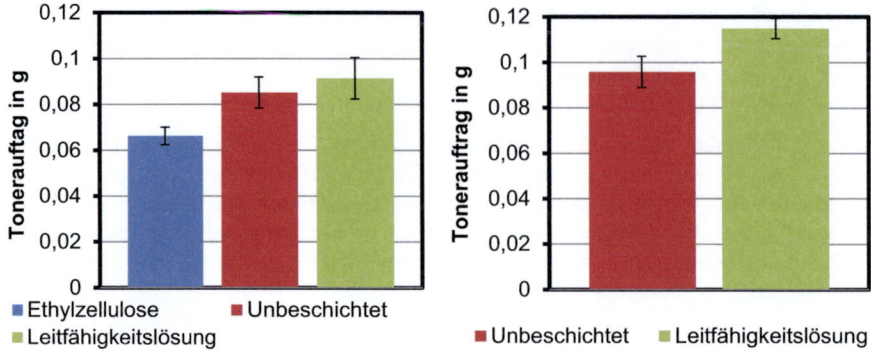

Bild 5.21: Toneraufrag auf 2×2 Zoll² Grüntapes, Toner C03, zehn Substrate pro Messwert, Balken stellen Standardabweichung dar; links: Beschichtung mittels *spin coating*; rechts: Beschichtung mittels Bestreichens mit einem Pinsel

Dabei zeigt die visuelle Beurteilung der Substrate, dass die Beschichtung durch *spin coating* nicht zufriedenstellend ist. Die hohe Viskosität der Leitfähigkeitslösung sorgt dafür, dass sich diese inhomogen auf dem Substrat verteilt. In einem zweiten Versuch wird diese mit einem Pinsel auf die Substrate aufgetragen und diese anschließend ebenfalls unter Wärmezuführung getrocknet und bedruckt. Dadurch konnte eine Steigerung des Transfers um 16 % erreicht werden. Als Ursache für die Steigerung lässt sich folgern, dass die Leitfähigkeitslösung für eine bessere Oberflächenladung auf dem Substrat sorgt, die zu einem höheren Übertrag führt. Eine einfachere, aber ebenso schlüssige Erklärung liegt in der Beobachtung, dass die Oberfläche durch die Behandlung leicht klebrig wird und dass dadurch ein höherer Transfer erfolgt. Auch eine Kombination beider genannter Ursachen ist denkbar.

Unabhängig davon zeigt sich, dass durch Oberflächenmanipulation eine erkennbare Steigerung der Transfereffizienz erreicht werden kann. Mit der gewählten Transfermethode (Konfiguration B) stellt die modifizierte Oberfläche des Substrates einen vielversprechenden Ansatzpunkt zur Verbesserung des Druckergebnisses dar.

5.3 Verarbeitung/Sintern der Substrate

Nachdem zuvor im Laufe der Studie die Tonerentwicklung, die Möglichkeiten der Evaluierung der Druckergebnisse und der Druck des Silbertoners mit Schwerpunkt auf den Transfer des Toners auf das Substrat beschrieben wurden, bleibt als letzter Schritt noch der Sinterprozess zu untersuchen. Durch den Sinterprozess entstehen aus gedruckten Tonerlinien leitfähige Silberbahnen. Bei den Sinterverfahren unterscheidet man zwischen dem *Postfiring*- und dem *Cofiring*-Prozess. Bei *Postfiring* dient eine bereits gebrannte Aluminiumoxid-Keramik als Substrat, die vom Sinterprozess weitgehend unbeeinflusst bleibt und somit lediglich das gedruckte Silber gesintert wird. Beim *Cofiring* werden Grüntapes und der Silbertoner zusammen gebrannt, so dass anschließend Leiterbahnen auf einer harten Glaskeramik entstehen.

Die sich durch den Sinterprozess ergebenden Problemstellungen sind nicht unbedingt spezifisch der Elektrofotografie zuzuordnen und stellen somit keinen Schwerpunkt dieser Studie dar. Dennoch sollen an dieser Stelle einige grundsätzliche im Verlauf der Studie gewonnene Erkenntnisse beschrieben werden, die Einfluss auf das Druckergebnis haben. Besonderheiten der einzelnen Toner finden sich im nachfolgenden Kapitel, in dem deren jeweilige Leistungsfähigkeit im Mittelpunkt steht. Dabei kommen bei den beschriebenen Experimenten fünf unterschiedliche Sinterprofile zur Anwendung, deren wesentlichen Parameter in **Tabelle 5.4** dargestellt sind. Eine ausführlichere Darstellung der Profile ist im Anhang 9.1 zu finden.

Tabelle 5.4: Wesentliche Parameter der angewandten Sinterprofile

Profil	Heizrate	Stufen	Haltezeit	T_{max}	Haltezeit	Abkühlrate
1	5 °C/min	—	—	875 °C	15 min	5 °C/min
2	5 °C/min	150, 300, 400 °C	3 h	875 °C	15 min	5 °C/min
3	5 °C/min	—	—	650 °C	1 h	5 °C/min
4	5 °C/min	400 °C	3 h	875 °C	15 min	5 °C/min
5	5 °C/min	—	—	910 °C	3 h	5 °C/min

5.3.1 Postfiring

Im Bereich der Mikrohybridtechnik spricht man vom *Postfiring*-Prozess, wenn Strukturen auf eine bereits gebrannte Keramik oder Glaskeramik gedruckt und anschließend gebrannt werden. Bei den hier beschriebenen Experimenten werden dabei Aluminiumoxidkeramiken mit einer Größe von 137×174 mm², wie in **Bild 5.22** zu sehen, verwendet. Die Nutzung relativ großer Keramiken ist darin begründet, dass sichergestellt werden muss, dass sich im Drucker immer ein Teil der Keramik unter den die Oberflächenladung erzeugenden Lade-Korotron befindet.

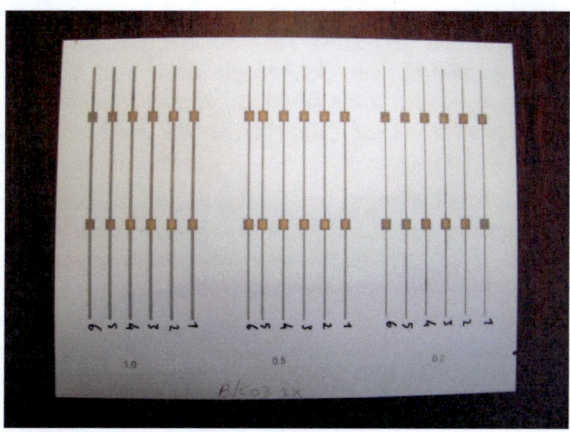

Bild 5.22: Aluminiumoxidkeramik, Größe 137×174 mm², bedruckt mit Silberleiterbahnen (Testmuster), nach dem Sinterprozess

Grundsätzlich lässt sich bereits hier vorwegnehmen, dass sich der Postfiring-Prozess mit den vorhandenen Mitteln sehr gut beherrschen lässt. Eine weitere Behandlung der Substrate ist nach dem Drucken nicht nötig, es kann sogar auf das Fixieren des Toners verzichtet werden. Die bedruckten Substrate werden direkt in den Sinterofen gegeben und anschließend gebrannt.

Tabelle 5.5: Widerstandswerte mit Standardabweichung (SD) von gleichlangen C03 Silberleiterbahnen (n=6) bei unterschiedlichen Sinterprofilen, nominale Breite 1,0 mm bzw. 0,5 mm, Vierfachdruck, *Postfiring*

Profil	R (1,0 mm)	SD	R (0,5 mm)	SD
1	187 mΩ	7,6 %	579 mΩ	14,4 %
2	195 mΩ	6,7 %	662 mΩ	11,6 %
3	480 mΩ	8,2 %	2213 mΩ	43,5 %
4	189 mΩ	13,3 %	718 mΩ	21,5 %
5	214 mΩ	7,3 %	870 mΩ	13,5 %

Die Parameter des gewählten Sinterprofils haben mit Ausnahme von Profil 3 einen relativ geringen Einfluss auf die Widerstandswerte der gedruckten Silberleiterbahnen, wie die Ergebnisse der **Tabelle 5.5** zeigen. Die Verwendung von Profil 3 erzeugt aufgrund dessen niedrigen Maximaltemperatur von 650 °C einen sehr geringen Leitwert. Zudem lässt sich bei Profil 5 beobachten, dass die Verwendung hoher Temperaturen und langer Brenndauer zu negativen Resultaten führen. Die restlichen Profile mit einer Maximaltemperatur von 875 °C zeigen keine erheblichen Unterschiede und sind annähernd gleichwertig. Folglich wird im weiteren Verlauf hauptsächlich Profil 1 genutzt, da es am schnellsten durchzuführen und somit ressourcensparend ist.

Bei der Interpretation der Ergebnisse ist anzumerken, dass es sich um auf Erfahrungswerten beruhende Profile handelt und dass diese nicht als komplette Bandbreite der möglichen Sinterprofile betrachtet werden können (gleiches gilt später beim *Cofiring*). Weiterhin fallen die großen Standardabweichungen sowie die schwankenden Widerstandswerte insbesondere der 0,5 mm breiten Leiterbahnen auf. Hier ist erneut die zuvor beschriebene Inhomogenität des Mehrfachdrucks zu erkennen.

Ein positiver Effekt ist in **Bild 5.23** zu sehen. Da das Silber sich zusammenzieht bzw. es an den Rändern der Leiterbahnen nur in unzureichender Menge vorhanden ist (Kapitel 4.4) wird durch diesen „Sinterschrumpf" dem Linienverbreiterungseffekt entgegengewirkt. Es liegen zwar nicht genug Messdaten vor, um diesen Effekt präzise quantifizieren zu können, nichtsdestotrotz ist die Tendenz eindeutig erkennbar. Dabei sind die Linien immer noch breiter als gewünscht, allerdings wird der unerwünschte Linienverbreiterungseffekt dadurch erheblich minimiert.

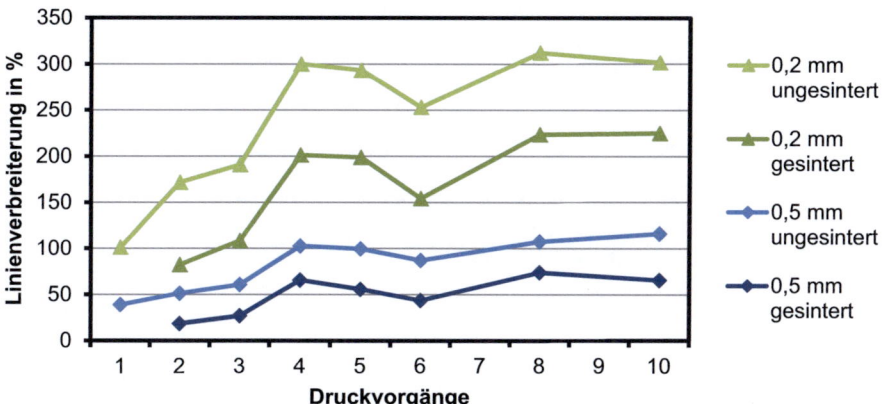

Bild 5.23: Vergleich des Linienverbreiterungseffektes von Leiterbahnen vor und nach dem Sintern (*Postfiring*, Profil 1) über die Anzahl der Druckvorgänge

5.3.2 Cofiring

Das gemeinsame Brennen der Glaskeramik und Leiterbahnen (bzw. funktioneller Elemente) bezeichnet man als *Cofiring*. Dazu werden bedruckte (inkl. Fixierung des Toners) Grüntapes zuerst laminiert und anschließend in einem Sinterofen gebrannt. Aufgrund der zur Verfügung stehenden Ressourcen sowie der Eigenschaften der Toner muss von den im Rahmen der Dickschichttechnik üblichen Methoden abgewichen werden.

Zum Laminieren der Tapes wird eine hydraulische Presse verwendet, mit der sich Grüntapes bis zu einer Größe von 2×2 Zoll² verarbeiten lassen. Dabei werden für diesen Fall stets vier Grüntapes übereinandergelegt. Beim Laminieren und auch beim Sintern wird auf die Verwendung von sog. Release Tape verzichtet. Es zeigt sich, dass die zur Verfügung stehenden Release Tapes sich mit den gedruckten Silberleiterbahnen exzellent verbinden und somit nach Abschluss des Sinterprozesses nicht mehr von der Oberfläche der Keramik abzulösen sind. Somit besteht kein Zugriff mehr auf die gedruckten Leiterbahnen und somit keine Möglichkeit zur Untersuchung. Dies ist allerdings kein EP-spezifischer Effekt, weitere Vergleichsversuche mit Inkjet-gedruckten Leiterbahnen bringen ähnliche Ergebnisse.

Der Verzicht auf das Release Tape wirft allerdings neue Problemstellungen auf. Ein Laminieren unter Zuführung von Wärme ist nicht mehr möglich, da der Toner durch den Druck und die Wärme aufweicht und sich trotz Fixierung des Toners mit den Stempeln der Presse bzw. mit einer zum Schutz der Leiterbahnen aufgebrachten Folie verbindet und dadurch ein unerwünschter Abtrag von Toner erfolgt. Somit wird die Verbindung der Grüntapes im Rahmen dieser Studie durch kaltlaminieren mit einer Kraft von üblicherweise 200 kN erreicht. Die laminierten Tapes werden anschließend in den Sinterofen gegeben und gebrannt. Das Fehlen des Release Tapes führt zu einem deutlichen Schrumpf der Substrate von ca. 20 % in der Seitenlänge. Dieser Schrumpf wirkt sich auch auf die Breite der Leiterbahnen aus. Weiterhin kommt es beim Sintern, wie in **Bild 5.24** gezeigt, zu einem unerwünschten Durchbiegen des Substrats.

Bild 5.24: Durchbiegen von Substraten nach dem *Cofiring* [Büttner 11d]

Auch das Durchbiegen ist nicht EP-spezifisch, in Vergleichsversuchen mit Inkjet-Leiterbahnen zeigen die Substrate ein ähnliches Verhalten. Nichtsdestotrotz zeigt dies, dass durch die Verbindung von Substrat und Leiterbahn beim Sinterprozess erhebliche mechanische Kräfte entstehen. Der Effekt lässt sich weder durch Variationen des Sinterprofils, noch durch Reduzierung des Laminierdrucks lindern. Im Rahmen dieser Studie wird das Durchbiegen infolge des Sinterns unterdrückt, indem das unterste und das oberste Tape (und somit Vorder- und Rückseite des Substrats) identisch bedruckt werden. Diese Lösung sorgt für relativ gerade und gut untersuchbare Tapes, allerdings lässt sich dadurch nicht über die bestehende Problematik der wirkenden mechanischen Kräfte hinwegtäuschen.

Die Auswirkungen der unterschiedlichen Sinterprofile auf die Leitfähigkeit sind in **Tabelle 5.6** zu sehen. Auch hier zeigt sich eine relative Unempfindlichkeit gegen Variationen des Sinterprofils, abgesehen von Profil 3, das aufgrund seiner niedrigen Maximaltemperatur von 650 °C zu einer brüchigen und nicht verwertbaren Glaskeramik führt. Auch hier bietet sich Profil 1 an. Allerdings wird in den nachfolgenden Experimenten hauptsächlich mit Profil 4 gesintert, weil sich vom Ausbrennen bei 400 °C über 3 h ein verbessertes Sinterverhalten der Glaskeramik und eine bessere Verbindung mit dem Toner erhofft werden. Als zusätzliche Ergänzung ist noch zu erwähnen, dass sich diese Ergebnisse **nicht** mit den in Tabelle 5.5 gezeigten *Postfiring*-Ergebnissen vergleichen lassen, da der Quadratwiderstand nicht ermittelt und über unterschiedliche Längen gemessen wird.

Tabelle 5.6: Widerstandswerte mit Standardabweichung (SD) von gleichlangen C03 Silberleiterbahnen (n=5) bei unterschiedlichen Sinterprofilen, nominale Breite 1,0 mm bzw. 0,5 mm, Vierfachdruck, *Cofiring*

Profil	R (1,0 mm)	SD	R (0,5 mm)	SD
1	123 mΩ	3,8 %	392 mΩ	15,5 %
2	164 mΩ	3,5 %	541 mΩ	10,9 %
3	N/A		N/A	
4	157 mΩ	5,3 %	353 mΩ	4,6 %
5	188 mΩ	12,9 %	634 mΩ	11,0 %

Dabei täuschen die guten Ergebnisse mit geringer Standardabweichung darüber hinweg, dass der *Cofiring*-Prozess mit den zur Verfügung stehenden Ressourcen schlecht skalierbar ist und die Ergebnisse relativ stark streuen. Weiterhin beeinflussen der Sinterschrumpf und die erwähnten mechanischen Kräfte die Ergebnisse. Eine Anpassung des *Cofirings* an elektrofotografische Drucke ist bisher nicht erfolgt, so dass die Einschränkungen zu beachten sind. Die bessere Vergleichbarkeit zwischen den Tonern sowie Skalierbarkeit und Homogenität sind allerdings beim gut beherrschbaren *Postfiring* gegeben.

5.4 Druckergebnisse der entwickelten Silbertoner

Nachdem zuvor die Rahmenbedingungen beschrieben wurden, werden in diesem Kapitel die Druckergebnisse der bereits in Kapitel 0 vorgestellten Toner gezeigt. Dabei liegt der Schwerpunkt auf den resultierenden Silberleiterbahnen. Dazu werden zuerst die Ergebnisse jedes einzelnen Toners beschrieben. Zum Abschluss des Kapitels erfolgt ein zusammenfassender Vergleich der entwickelten Silbertoner hinsichtlich der erzielten Druckergebnisse.

5.4.1 Ergebnisse Toner C01

Der Toner C01 resultiert aus einer im Vorfeld zu dieser Studie vom Projektpartner ZEAC durchgeführten Untersuchung und bildet in der Nomenklatur dieser Studie den Toner der ersten Generation. Er besteht aus nicht gecoateten, sphärischen Silberpartikeln und dient als Demonstrator eines ersten Silbertoners. Dabei ist es mit C01 nicht möglich, durchgehende Leiterbahnen zu erzeugen. Bereits zuvor (Bild 5.5) wird dargestellt, dass die gedruckten Linien im ungesinterten Zustand eine unzureichende Dichte aufweisen. Auch der Mehrfachdruck bringt keine zufriedenstellende Verbesserung der Homogenität der Leiterbahnen. Nichtsdestotrotz gelingt es auf kurzen Abschnitten leitfähige Silberansammlungen zu erzeugen.

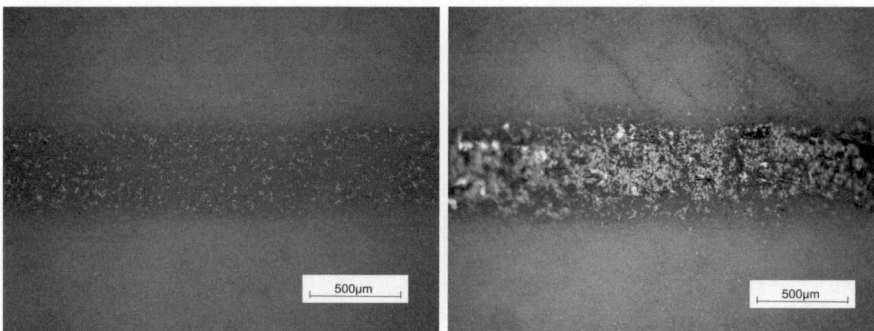

Bild 5.25: Silberleiterbahnen mit C01 in Konfiguration A auf Grüntape gedruckt, *Cofiring* mit folgendem Sinterprofil: 5 °C pro Minute heizen auf 850 °C, 15 min Haltezeit, Abkühlen ebenfalls mit 5 °C pro Minute; links: Zweifachdruck; rechts: Vierfachdruck [Büttner 10]

Bild 5.25 zeigt die Druckergebnisse mit Toner C01 im Zweifach- und Vierfachdruck. Während der Zweifachdruck auf der linken Seite nicht leitfähig ist, ergeben sich beim Vierfachdruck auf der rechten Seite durchaus kurze leitfähige Strecken. Dabei lassen sich auf einer Länge von 5 mm bis 20 mm Widerstandswerte zwischen 0,5 Ω und 5 Ω messen.

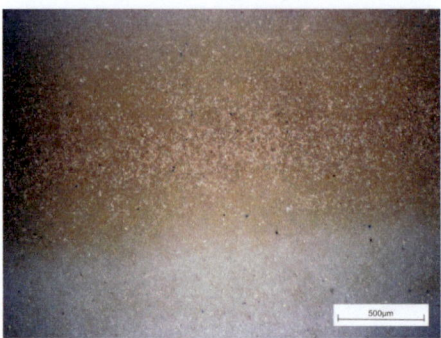

Bild 5.26: Zehnfachdruck einer in Konfiguration B gedruckten C01 Silberlinie, *Postfiring* mit Profil 3 [Büttner 11d]

Bild 5.26 zeigt eine durch *Postfiring* erzeugte C01 Linie. Diese ist ebenfalls nicht leitfähig und weist nur eine geringe Dichte auf. Zum Sintern wird Profil 3 genutzt, welches aufgrund der geringen Maximaltemperatur generell schwächer leitfähige Leiterbahnen produziert.

5.4.2 Ergebnisse Toner C02

C02 basiert als Toner der zweiten Generation auf gecoateten Silberpartikeln und stellt den ersten Silbertoner dar, mit dem sich größere leitfähige Abschnitte erzeugen lassen. Durch das im Vergleich zu Toner C01 verbesserte Ladungsverhalten (Kapitel 3.2.3) lässt sich ein akzeptabler Tonerübertrag erreichen. Bereits nach einmaligem Drucken entsteht eine Linie, die im visuellen Vergleich zu den zuvor erzielten Ergebnissen mit Toner C01 verhältnismäßig dicht ist und eine akzeptable Kantenschärfe aufweist.

Wie bereits zuvor gezeigt, gelingt es aufgrund der ungenügenden Dichte nicht, eine durchgehende Leitfähigkeit nach einem Druckvorgang zu erreichen. Durch Mehrfachdruck lässt sich zwar eine ausreichenden Schichtdicke herstellen, allerdings entstehen nach dem Sintern im *Cofiring* die in **Bild 5.27** gezeigten Risse in Querrichtung durch die Silberleiterbahnen.

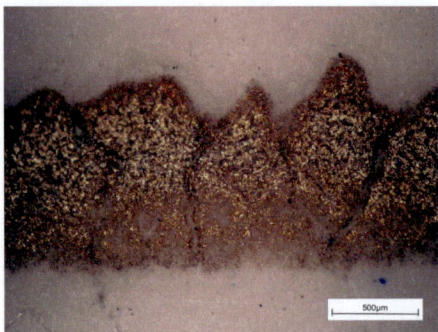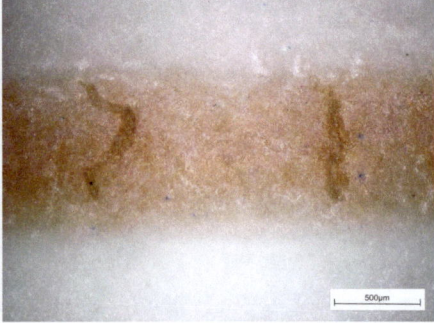

Bild 5.27: C02 Silberleiterbahn, *Cofiring*-Verfahren mit Sinterprofil 1, Fünffachdruck; links: unbehandelte Leiterbahn mit Rissen; rechts: Leiterbahn vor dem Sintern mit Glas überzogen, ebenfalls von Rissen durchzogen [Büttner 11d]

Die Ursache für die Risse ist zuerst nicht eindeutig ersichtlich. Der bereits zuvor beschriebene Durchbiege-Effekt deutet bereits darauf hin, dass durch den Sinterprozess mechanische Spannungen auftreten, deren Ursache in der Verbindung des Silbers mit dem Substrat sowie in den unterschiedlichen Sintereigenschaften der Stoffe zu suchen ist. Allerdings biegen sich die Substrate bei allen Tonern und auch bei mittels Inkjet gedruckten Strukturen durch. Wie beim Durchbiege-Effekt bringen weder unterschiedliche Sinterprofile, noch Variationen des Drucks beim Laminieren Verbesserungen. Auch mit einem Ausbrennen der in den Grüntapes enthaltenen Organik bei Temperaturen oberhalb von 900 °C gelingt das nicht.

Ein weiterer Ansatz, um die Verbindung des Silbers mit dem Substrat zu verbessern, stellt ein Coating der Silberbahnen mit Glas vor dem Sintern dar. Wie auf der rechten Seite von Bild 5.27 jedoch zu sehen ist, entstehen dabei dennoch Risse unterhalb der Glasschicht. Zusammengefasst bedeutet dies, dass durch diese Risse eine durchgehende Leitfähigkeit der Silberbahnen nach dem *Cofiring* verhindert wird. Die Dichte der Leiterbahnen zwischen den Rissen ist durchaus vielversprechend und auf sehr kurzen Strecken lässt sich auch Leitfähigkeit feststellen. Allerdings bleiben alle Versuche zur Verhinderung der Risse erfolglos und somit erweist sich der Toner C02 als ungeeignet im *Cofiring*-Verfahren.

Die Eignung für das *Postfiring*-Verfahren ist deutlich besser, insbesondere da die erwähnte Rissbildung hier nicht auftritt. Es lassen sich homogene Leiterbahnen mit einer akzeptablen Dichte erzeugen, wie in **Bild 5.28** zu sehen ist.

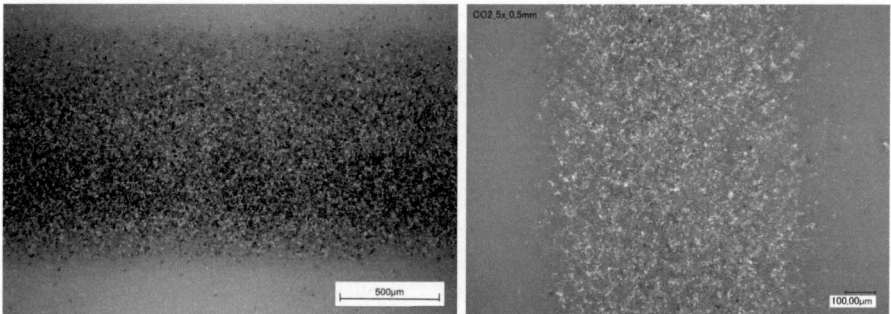

Bild 5.28: C02 Linie, Fünffach-Druck, *Postfiring*-Verfahren; links: Sinterprofil 3; rechts: Sinterprofil 1, Leiterbahn aus Vergleichsstudie

Dabei wird ebenfalls Sinterprofil 3 verwendet. Die so erzeugten Bahnen sind auf ganzer Länge (96 mm) unterbrechungsfrei leitfähig. Bei einer nominalen Breite von 1 mm bewegen sich die Widerstandswerte zwischen 8 und 11 Ω, bei einer nominalen Breite von 0,5 mm zwischen 17 und 24 Ω. Um den Erfolg des Toners und dessen Leitfähigkeit im Vergleich evaluieren zu können, wird mit allen Tonern unter identischen Bedingungen eine Vergleichsstudie durchgeführt. Die Ergebnisse für den Toner C02 sind in **Tabelle 5.7** zusammengefasst.

Tabelle 5.7: Flächenwiderstand vertikaler Silberleiterbahnen, *Postfiring*, Mittelwert von sechs Leiterbahnen, nominale Breite 0,5 mm, Toner C02

Druckvorgänge	R_{sq} in mΩ	Ausfallrate
1 – 4	N/A	100 %
5	115,1	16,7 %
6	116,7	33,3 %
7	84,3	0 %
8	94,5	0 %
9	99,3	0 %
10	94,1	16,7 %

In der Vergleichsstudie werden Leiterbahnen im Mehrfachdruck auf eine gebrannte Keramik gedruckt und mit Profil 1 gesintert. Anschließend werden der Flächenwiderstand und die Ausfallraten der Leiterbahnen bestimmt, d. h. der Anteil der Leiterbahnen, die nicht auf einer Länge von 40 mm leitfähig sind.

Dabei fällt auf, dass etwa fünf Druckvorgänge nötig sind, um relativ zuverlässig leitfähige Silberbahnen zu erstellen. Diese hohe Anzahl ist durchaus ein Charakteristikum des Toners. Weiterhin zeigt sich hier ebenfalls, dass der Flächenwiderstand mit steigenden Druckvorgängen fällt (Kapitel 5.2.5). Allerdings sind hier die Messwerte erkennbaren Schwankungen unterworfen, die ebenfalls als charakteristisch interpretiert werden können.

5.4.3 Ergebnisse Toner C03

Der Toner C03 basiert auf gecoateten sphärischen Silberpartikeln. Als Toner der dritten Generation werden beim Coating ein höherer Harzanteil sowie speziell für LTCC-Anwendungen vorgesehenes Borsilikatglas verwendet. Dadurch ermöglicht der Toner erstmals die Herstellung von Silberleiterbahnen im Cofiring-Verfahren. Eine Aufnahme einer solchen Bahn ist in **Bild 5.29** zu sehen.

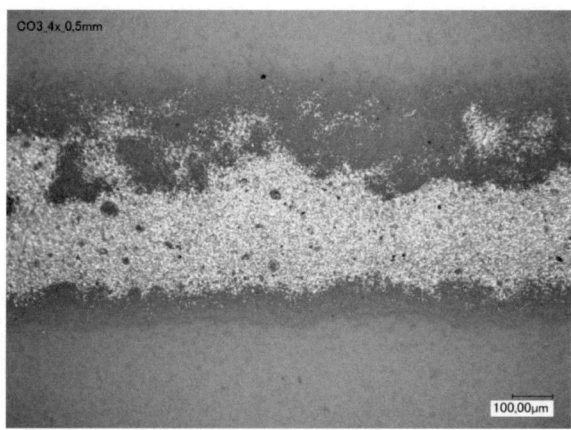

Bild 5.29: C03 Silberleiterbahn auf Grüntape, nominale Breite 0,5 mm, Vierfachdruck, *Cofiring* mit Sinterprofil 4 [Büttner 12]

Die Leiterbahnen weisen eine verbesserte Leitfähigkeit und eine größere Dichte der Partikel im Vergleich zu Toner C01 und C02 auf. Jedoch entsprechen die Kantenschärfe und die Homogenität der Struktur nicht der gewünschten Qualität, was auf die in Kapitel 5.3.2 beschriebenen Einschränkungen des *Cofirings* zurückzuführen ist. Diese beeinflussen zusätzlich die Zuverlässigkeit des Verfahrens und die Streuung der Messwerte. Auch hier wird eine Vergleichsstudie mit den anderen Tonern durchgeführt, bei der unter identischen Bedingungen Leiterbahnen gedruckt und gesintert werden. Die Ergebnisse sind in **Tabelle 5.8** zu sehen.

Tabelle 5.8: Flächenwiderstand und Ausfallrate von Silberleiterbahnen auf Grüntape, Mittelwert von Leiterbahnen (1,0 mm: n=12; 0,5 mm und 0,2 mm: n=18), hergestellt im *Cofiring*-Verfahren mit Sinterprofil 4, Toner C03 [Büttner 12]

Druckvorgänge	Nominale Linienbreite	R_{sq} in mΩ	Ausfallrate
4	1,0 mm	8,0	0 %
	0,5 mm	9,6	0 %
	0,2 mm	10,2	0 %
10	1,0 mm	13,5	0 %
	0,5 mm	8,5	0 %
	0,2 mm	8,1	0 %

Der Ergebnisse der Studie zeigen, dass nach einem einzigen Druckvorgang auch hier keine Leitfähigkeit erzeugt werden kann. Stattdessen werden Leiterbahnen unterschiedlicher Breite mit vier oder zehn Druckvorgängen gedruckt und verglichen. Dabei sind alle gedruckten Leiterbahnen vollständig leitfähig. Insgesamt erweist sich C03 durchaus für das *Cofiring*, unter Beachtung der allgemeinen Einschränkungen des Verfahrens, als geeignet.

Bild 5.30: C03 Silberleiterbahn, Fünffachdruck, *Postfiring* mit Sinterprofil 1, nominale Breite 0,5 mm [Büttner 11d]

Die Qualität der im *Postfiring*-Verfahren erstellten Silberleiterbahnen übertrifft die bisherigen Ergebnisse deutlich. Sowohl Dichte, als auch Kantenschärfe und Homogenität der Linien sind in der visuellen Analyse im Vergleich zu den Tonern C01 und C02 als sehr gut zu bewerten, wie **Bild 5.30** zeigt.

Tabelle 5.9: Flächenwiderstand vertikaler Silberleiterbahnen, *Postfiring*, Mittelwert von sechs Leiterbahnen, nominale Breite 0,5 mm, Toner C03 [Büttner 12]

Druck-vorgänge	R_{sq} in mΩ	Ausfall-rate
1	N/A	100 %
2	45,2	50 %
3	10,5	0 %
4	8,6	0 %
5	5,7	0 %
6	6,9	0 %
7	5,3	0 %
8	5,0	0 %
9	3,7	0 %
10	3,9	0 %

Die so erzeugten Silberleiterbahnen verfügen über eine hohe Qualität und stellen somit eine realistische Möglichkeit dar, Leiterbahnen im Bereich der Dickschichttechnik zu drucken. Dies schlägt sich auch in den in **Tabelle 5.9** gezeigten Widerstandswerten und Ausfallraten nieder.

Insbesondere die hohe Zuverlässigkeit der Leiterbahnen und die Tatsache, dass bereits zwei Druckvorgänge ausreichen um Leitfähigkeit herzustellen, sind wichtige Erkenntnisse der Versuche mit Toner C03. Bereits nach drei Druckvorgängen sind akzeptable Ergebnisse erreicht. Der Flächenwiderstand sinkt mit jedem Druckvorgang und insgesamt sind die Widerstandswerte niedrig.

5.4.4 Ergebnisse Toner C04

Beim Toner C04 handelt es sich ebenfalls um einen Toner der dritten Generation, der auf mit höherem Harzanteil gecoateten Silberpartikeln basiert sowie speziell für LTCC-Anwendungen vorgesehenes Borsilikatglas enthält. Im Gegensatz zu C03 handelt es sich bei den Silberpartikeln um Flakes. Bei der Untersuchung der auf Grüntape gedruckten und im Cofiring-Verfahren gebrannten Silberleiterbahnen zeigt sich, dass die von C02 bekannte Rissproblematik auch bei C04 auftritt (**Bild 5.31**).

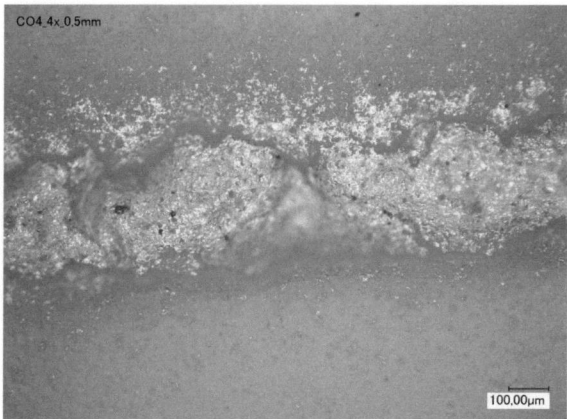

Bild 5.31: C04 Silberleiterbahn auf Grüntape, Vierfachdruck, nominale Linienbreite 0,5 mm, im *Cofiring*-Verfahren mit Profil 4 gesintert [Büttner 12]

Die Risse haben hier nicht das Ausmaß wie bei Toner C02, trotzdem sind diese zahlreich und destruktiv genug, um eine hohe Ausfallrate der Leiterbahnen zu erzeugen, wie an den in **Tabelle 5.10** gezeigten Ergebnissen des Vergleichstests zu sehen ist. Dabei sind die Ergebnisse von Toner C03 und C04 zum Vergleich nebeneinandergestellt.

Auch hier ist nach einem Druckvorgang keine Leitfähigkeit erreicht, was mit den Ergebnissen der Versuche mit den vorangegangenen Tonern übereinstimmt. Neben den hohen Ausfallraten bestehen große Schwankungen bei den Widerstandswerten, was zum einen den prinzipiellen Eigenheiten des *Cofiring*-Verfahrens im Rahmen dieser Studie zuzurechnen ist, zum anderen aber auch der Inhomogenität der Leiterbahnen. Durch die hohen Ausfallraten ist die Stichprobe oftmals zu gering.

Tabelle 5.10: Flächenwiderstand und Ausfallrate von Silberleiterbahnen auf Grüntape, Mittelwert von Leiterbahnen (1,0 mm: $n=12$; 0,5 mm und 0,2 mm: $n=18$), hergestellt im *Cofiring*-Verfahren mit Sinterprofil 4, Toner C03 und C04 (Tabelle 5.8 ergänzt um C04) [Büttner 12]

Druck-vorgänge	Nominale Linienbreite	C03		C04	
		R_{sq} in mΩ	Ausfallrate	R_{sq} in mΩ	Ausfallrate
4	1,0 mm	8,0	0 %	10,8	67 %
	0,5 mm	9,6	0 %	10,4	78 %
	0,2 mm	10,2	0 %	10,7	67 %
10	1,0 mm	13,5	0 %	11,7	50 %
	0,5 mm	8,5	0 %	9,2	17 %
	0,2 mm	8,1	0 %	7,8	11 %

Auch C04 zeigt bessere Ergebnisse im *Postfiring*, allerdings weist die in **Bild 5.32** dargestellte Leiterbahn Inhomogenitäten auf und zeigt Defizite in Kantenschärfe und Dichte.

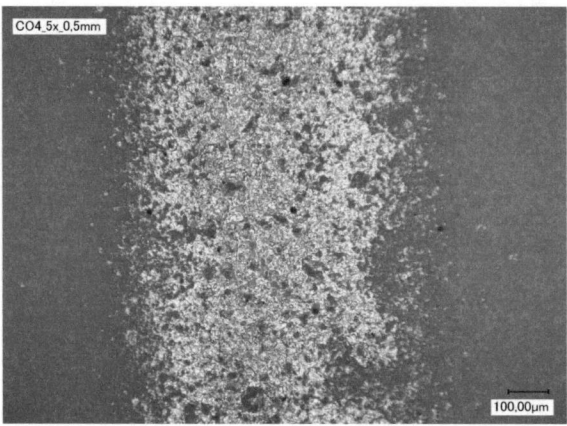

Bild 5.32: C04 Silberleiterbahn, Fünffachdruck, *Postfiring* mit Sinterprofil 1, nominale Breite 0,5 mm

Die Inhomogenitäten und unzureichende Kantenschärfe und Dichte schlagen sich auch in den Messergebnissen des Vergleichstests nieder. Die Widerstandswerte bewegen sich zwar in einem ähnlichen Bereich wie C03, aber wie in **Tabelle 5.11** zu sehen ist, ist die Ausfallrate des Toners auf gesinterter Keramik außergewöhnlich hoch. Dabei sind die Ergebnisse von Toner C02, C03 und C04 zum Vergleich nebeneinandergestellt.

Tabelle 5.11: Flächenwiderstand vertikaler Silberleiterbahnen, *Postfiring*, Mittelwert von sechs Leiterbahnen, nominale Breite 0,5 mm, Toner C02, C03 und C04 (Zusammenfassung aus Tabelle **5.7**, Tabelle **5.9**, ergänzt um C04)

Druck-vorgänge	C02		C03		C04	
	R_{sq} in mΩ	Ausfallrate	R_{sq} in mΩ	Ausfallrate	R_{sq} in mΩ	Ausfallrate
1	N/A	100 %	N/A	100 %	N/A	100 %
2	N/A	100 %	45,2	50 %	N/A	100 %
3	N/A	100 %	10,5	0 %	20,0	66,7 %
4	N/A	100 %	8,6	0 %	20,8	16,7 %
5	115,1	16,7 %	5,7	0 %	11,9	33,3 %
6	116,7	33,3 %	6,9	0 %	13,2	66,7 %
7	84,3	0 %	5,3	0 %	9,4	16,7 %
8	94,5	0 %	5,0	0 %	8,7	16,7 %
9	99,3	0 %	3,7	0 %	N/A	100 %
10	94,1	16,7 %	3,9	0 %	6,9	0 %

Die auffallend hohen Ausfallraten von C04 in dieser Studie werden in dieser Höhe durch eine Häufung der im Zusammenhang mit dem Mehrfachdruck bekannten Probleme (Kapitel 5.2.5) begünstigt. Auffällig ist dabei insbesondere der Totalausfall nach neun Druckvorgängen. Die äußerst hohe Anfälligkeit, im Vergleich zu Toner C03, gegen diese bisher beschriebenen unerwünschten Effekte stellt somit ein weiteres Qualitätsmerkmal dar. Dies dürfte auf die schlechte Bindung der resultierenden Leiterbahnen mit dem Substrat zurückzuführen sein, die anschließend noch genauer betrachtet wird.

5.4.5 Bewerteter Vergleich

Bei Vergleich und Bewertung der Toner stehen zwei Fragen im Vordergrund:

1. Welchen Einfluss hat die Applikation und Weiterentwicklung des Coatings auf die Druckergebnisse?
2. Welche Aussagen lassen sich über den Einfluss der Form der Silberpartikel (sphärisch/Flakes) auf das Druckergebnis formulieren?

Zur Beantwortung der ersten Frage sollen zuerst die in Kapitel 0 gewonnen Erkenntnisse kurz aufgegriffen werden. Bereits da zeigt sich, dass die Ladungseigenschaften der Toner über jede Tonergeneration verbessert werden konnte. Ein ähnliches, wenn auch nicht identisches Bild zeigt sich, wenn man den in **Bild 5.33** gezeigten Tonerübertrag (nach Gewicht) der einzelnen Toner betrachtet.

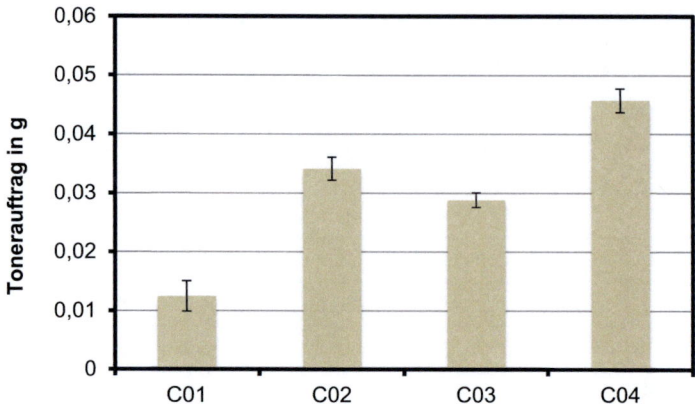

Bild 5.33: Gewichtszunahme durch Tonerauftrag der unterschiedlichen Toner auf 4×4 Zoll² Grüntapes, standardisiertes Druckmuster (n=10, Balken stellen Standardabweichung dar) [Büttner 12]

Eindeutig ist der große Unterschied im Tonerauftrag zwischen dem auf ungecoateten, sphärischen Silberpartikeln basierenden Toner C01 und den nachfolgenden Tonern. Sämtliche bisher präsentierte Ergebnisse belegen, dass die in Kapitel 3.2 beschriebene Methode des mechanischen Coatings den entscheidenden Schritt zur Nutzung der Elektrofotografie als Methode zur Herstellung leitfähiger Strukturen darstellt. Die so behandelten Toner lassen sich im Vergleich zu Toner C01 einfacher drucken und sind in der Lage, längere Silberleiterbahnen zu erzeugen. Um diese wesentliche Erkenntnis zu intensivieren, konnte durch das für Toner C03 erstmals angewandte Coating der dritten Generation die Leistungsfähigkeit des Toners noch weiter gesteigert werden. Diese Verbesserung zeigt sich auch im direkten Vergleich zwischen C02 und C04. Beide Toner basieren auf den gleichen Silberpartikeln (Flakes), jedoch werden bei letzterem bessere Ladungseigenschaften erreicht, aber auch ein höherer Übertrag und deutlich verbesserte Leitwerte im Vergleichstest erzielt (Tabelle 5.11). Allerdings ist der Toner unzuverlässig, d. h. hohe Ausfallraten der Leiterbahnen sind zu beobachten.

Dies führt direkt zur zweiten Fragestellung nach dem Einfluss der Form der Tonerpartikel. Durch das verbesserte Coating und die Beigabe von Borsilikatglas konnte die beschriebene Rissproblematik nicht gelöst werden. Sowohl bei Toner C02 als auch bei Toner C04 treten beim *Cofiring* große, traverse Risse auf, die die so hergestellten Leiterbahnen unbrauchbar machen. Beim auf sphärischen Partikeln basierenden Toner C03 tritt diese Problematik hingegen nicht auf.

Vergleicht man C03 und C04 miteinander, erkennt man in Bild 5.33, dass bei C04 und sogar bei C02 mehr Toner übertragen wird als bei C03. Insofern scheint sich die *Flake*-Form positiv auf den Übertrag auszuwirken, allerdings ist durch die gezeigten Ergebnisse doch recht eindeutig zu identifizieren, dass ebendiese Flake-Form der Partikel auch der Grund für die Rissbildung ist. Ursächlich dafür scheint, dass diese Partikel eine deutlich schlechtere Bindung mit der Keramik aufweisen als sphärische Partikel. Dies zeigt sich besonders, wenn man die gebrannten und mit Leiterbahnen bedruckten 2×2 Zoll² direkt miteinander vergleicht (**Bild 5.34**).

 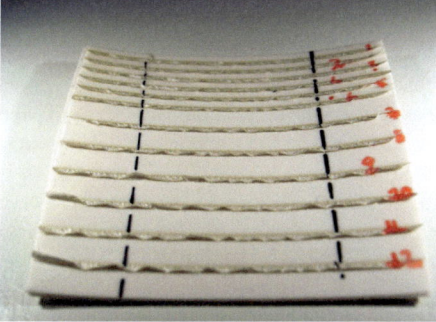

Bild 5.34: Silberleiterbahnen auf 2×2 Zoll² Grüntapes, nominale Breite 1,0 mm, 10 Druckvorgänge, Cofired mit Profil 4; links: Toner C03; rechts: Toner C04 [Büttner 12]

Man erkennt deutlich, dass die C04-Leiterbahnen leicht gewellt sind und sich nicht auf ganzer Länge mit der Keramik verbinden. Im Gegensatz dazu sind die C03-Leiterbahnen vollständig in die Keramik integriert. Die Entwicklung von C02 zu C04 ist dennoch als Fortschritt zu sehen, wie sich neben der geringeren Ausprägung der Risse auch in der Tatsache zeigt, dass bei C02 vollständige Leiterbahnen gar nicht herstellbar sind, während dies bei C04 durchaus möglich ist, wenn auch mit hohen Ausfallraten (Tabelle 5.10).

Dabei ist zu beachten, dass die Bedingungen beim *Cofiring* nicht optimal sind (Kapitel 5.3.2). Es ist durchaus denkbar, dass der Sinterschrumpf, die am Durchbiegen der Keramik erkennbaren mechanischen Kräfte oder auch andere, bisher unbekannte Faktoren die Loslösung des Toners verursachen oder zumindest verstärken. Dem widerspricht jedoch neben der guten Leistungsfähigkeit von C03 im Cofiring allerdings auch, dass beim Toner C04 auch im Postfiring eine unzureichende Verbindung zwischen Silber und Keramik zustande kommt.

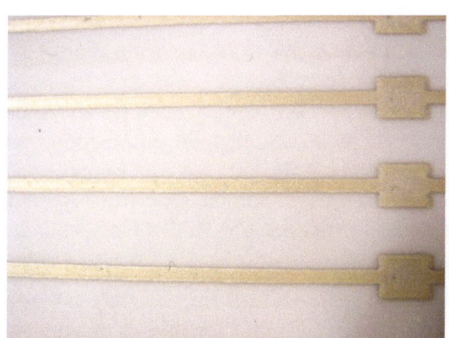 

Bild 5.35: Silberleiterbahnen auf Keramik, nominale Breite 1,0 mm, Postfiring mit Profil 1; links: C03, sechs Druckvorgänge; rechts: C04, sieben Druckvorgänge [Büttner 12]

Bild 5.35 zeigt den Unterschied in der Integration von C03 und C04 im *Postfiring*-Verfahren. Die mit Toner C03 produzierten Leiterbahnen sind homogen und nach visueller Bewertung mit hoher Dichte und guter Form auf die Keramik aufgebracht. Im Vergleich dazu ist eine deutliche Inhomogenität der mit Toner C04 produzierten Leiterbahnen erkennbar. Wenn man davon ausgeht, dass bei C04 ein besserer Übertrag stattfindet, bleibt die schlechte Verbindung des Silbers mit der Keramik die schlüssigste Erklärung für die schlechten Leistungsmerkmale von C02 und C04.

Zusammenfassend lässt sich in der Beantwortung der eingangs gestellten Fragen die wesentliche Erkenntnis ableiten, dass die sphärischen Silberpartikel deutlich besser geeignet erscheinen, um Silbertoner herzustellen und mit diesem gute Ergebnisse zu erzielen. Dies steht im Widerspruch zu den Ergebnissen von Aoki, der eine bessere Eignung von Flakes feststellt. Allerdings unterscheidet sich die Anwendung auch erheblich, da die Leiterbahnen dort nicht unmittelbar durch den Druckvorgang entstehen [Aoki 04]. Es ist zwar ebenfalls bei den Flake-Tonern ein größerer Tonerübertrag erkennbar, aber dieser und der hohe Silberanteil auf dem Substrat erweisen sich bei Flakes offenbar als nachteilig für die Verbindung mit der Keramik. Diese Effekte, insbesondere die auftretende Risse, können zwar mit dem verbesserten Coating der dritten Tonergeneration vermieden werden, aber nicht in dem gewünschten Maße. Beim auf sphärischen Partikeln basierenden C03 zeigt sich, was das verbesserte Coating für Möglichkeiten bietet. Mit ihm lassen sich die besten Ergebnisse der untersuchten Toner erzielen, unabhängig vom Sinterverfahren.

5.5 Anwendungsbeispiele zur Beurteilung der Leistungsfähigkeit

Nachdem die zur Verfügung stehenden Toner untersucht und bewertet sind, werden in diesem Kapitel gezeigt, welche Leistungsfähigkeit mit dem elektrofotografischen Druck der vorgestellten Toner erzielt werden können. Dazu werden als Anwendungsbeispiel zuerst die Möglichkeiten zum Druck von RFID-Antennen gezeigt. Anschließend wird erreichbare Leistungsfähigkeit der Silberleiterbahnen vorgestellt.

5.5.1 RFID-Antennen

Als RFID (*radio-frequency identification*) bezeichnet man die Nutzung eines drahtlosen, kontaktfreien Systems zum Zweck der automatische Identifizierung und des Trackings. Dabei werden elektromagnetische Felder im Radio-Frequenzbereich zum Datentransfer genutzt [Wiki 12]. Für die Anwendung der EP sind vor allem die zugehörigen Antennen von Interesse. Dabei handelt es sich prinzipiell um eine leitfähige Struktur, die zum Koppeln oder Ausstrahlen von elektromagnetischer Energie spezifisch entworfen ist. Eine RFID-Antenne besteht im Wesentlichen aus einer Spule (Induktivität), mit der der RFID-Chip verbunden wird [Lepahmer 08].

Die Herstellung einer leitfähigen Spule stellt somit eine Möglichkeit dar, im Rahmen einer Teilstudie die Anwendbarkeit der Technologie an einem praxisnahen Beispiel zu demonstrieren. Dabei dienen zwei einfache Layouts als Annäherung an übliche Strukturen von RFID-Antennen: zum einen eine Spule mit nur einer Windung, zum anderen eine Spule mit drei Windungen.

Zum Druck der Silberspulen auf Keramik stand zunächst lediglich der Toner C02 zur Verfügung. Aufgrund der Rissproblematik (Kapitel 5.4.2) ist damit eine Herstellung von Spulen im *Cofiring*-Verfahren nicht möglich. Allerdings lassen sich Antennen durch *Postfiring* herstellen, wie in **Bild 5.36** zu sehen ist.

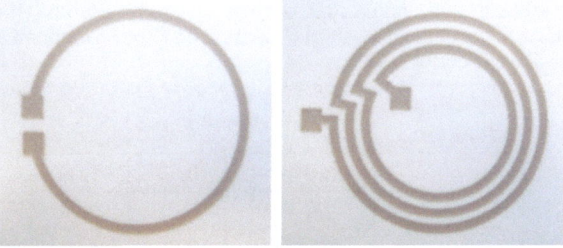

Bild 5.36: Elektrofotografisch gedruckte RFID-Antennenspulen, Linienbreite 2,0 mm, äußerer Durchmesser 48 mm, Toner C02, Fünffachdruck, *Postfiring* mit Sinterprofil 3 [Büttner 11d]

Beide Layouts können erfolgreich gedruckt werden und zeigten nach dem Sintern durchgehende Leitfähigkeit. Bei der auf der linken Seite abgebildeten Spule mit einer Windung lässt sich ein Widerstand von 5,6 Ω und eine Induktivität von 0,30 µH messen, bei der rechten Spule mit drei Windungen beträgt der Widerstand 19,2 Ω und die Induktivität 0,81 µH. Somit ist es mit C02 möglich, ein funktionelles Layout erfolgreich zu erstellen.

Die Entwicklung von C03 bietet Möglichkeiten zur Verbesserung des Layouts. Da die Rissproblematik bei diesem Toner nicht auftritt, ist auch die Herstellung von Spulen im *Cofiring*-Verfahren möglich. Auch für die Druckvorgänge mit C03 wird das vorherige Spulenlayout genutzt und auf 2×2 Zoll² Grüntapes gedruckt.

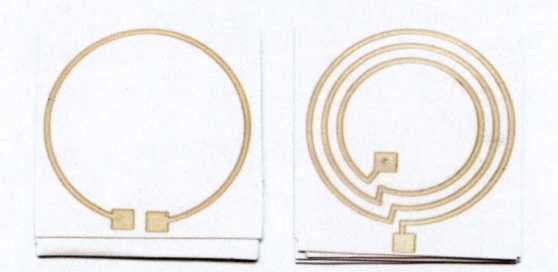

Bild 5.37: Elektrofotografisch gedruckte RFID-Antennenspulen auf 2×2 Zoll² Grüntapes, Linienbreite 1,0 mm, äußerer Durchmesser 48 mm, Toner C03, Vierfachdruck, *Cofiring*, Sinterprofil: Heizen mit 5 °C/min, zwei Stunden Burnout bei 300 °C, bei gleicher Heizrate auf eine Maximaltemperatur von 875 °C, 15 Minuten Haltezeit, anschließend Abkühlung bei 5 °C/min [Büttner 11d]

Bei den in **Bild 5.37** gezeigten Spulen sorgen allerdings die beim Cofiring auftretenden mechanischen Spannungen (Kapitel 5.3.2) für ein im Vergleich zu den mit den Toner C03 produzierten Leiterbahnen für ein nicht gleichartig optimales Druckergebnis der RFID-Antennenspulen. Das Layout ist so auf der Rückseite nur schwer identisch abzubilden und somit funktioniert die provisorische Lösung mittels beidseitigen Drucks aufgrund der komplexeren Form der RFID-Antennenspulen nur bedingt. Die Folge ist eine für C03 verhältnismäßig hohe Ausfallrate aufgrund gebrochener Keramiken. Dennoch lassen sich die in **Tabelle 5.12** gezeigten Messwerte aufnehmen, die allerdings aufgrund einer geringen Stichprobenzahl und der häufigen Ausfälle lediglich zur Einschätzung des Potenzials des Verfahrens zu betrachten sind.

Tabelle 5.12: Widerstand und Induktivität der im *Cofiring*-Verfahren hergestellten RFID-Spulen mit unterschiedlichen Linienbreiten (Spezifikationen siehe Beschriftung Bild 5.37) [Büttner 11d]

Anzahl der Windungen	Nominale Linienbreite	L in µH	R in Ω
3	2,0 mm	0,63	1,08
	1,0 mm	0,67	2,24
	0,5 mm	0,68	4,84
1	2,0 mm	0,42	0,42
	1,0 mm	0,28	1,52
	0,5 mm	0,30	4,05

Dennoch zeigt sich, dass auf Grüntape funktionsfähige Spulen entstehen können. Erwartungsgemäß sind die Ergebnisse im *Postfiring*-Verfahren deutlich konstanter und reproduzierbarer. Die in **Bild 5.38** gezeigten Antennenspulen ließen sich ohne Ausfälle mehrfach drucken.

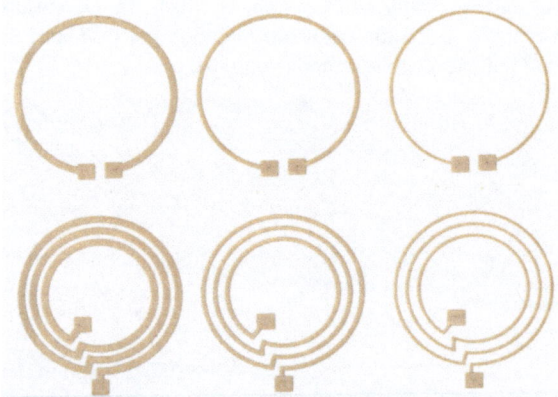

Bild 5.38: Elektrofotografisch gedruckte RFID-Antennenspulen auf Keramik, Linienbreite 2,0 mm; 1,0 mm und 0,5 mm, äußerer Durchmesser 48 mm, Toner C03, Vierfachdruck, *Postfiring*, Sinterprofil: Heizen mit 5 °C/min, zwei Stunden Burnout bei 300 °C, bei gleicher Heizrate auf eine Maximaltemperatur von 875 °C, 15 Minuten Haltezeit, anschließend Abkühlung bei 5 °C/min [Büttner 11d]

Die in **Tabelle 5.13** zusammengefassten Messwerte weisen keine größeren Abweichungen auf, die indirekte Proportionalität des Widerstandes zur Linienbreite indiziert ein sehr homogenes Druckergebnis. Unter Annahme einer üblichen RFID-Frequenz von 915 MHz [Wiki 11b] ergibt sich ein Gütefaktor

$$Q = \frac{2\pi f \cdot L}{R} \qquad (5.4)$$

in einem Bereich von 370 bis 2400 [Büttner 11d].

Tabelle 5.13: Widerstand und Induktivität der in Bild 5.38 dargestellten, im *Postfiring*-Verfahren hergestellten RFID-Antennenspulen [Büttner 11d]

Anzahl der Windungen	Nominale Linienbreite	L in µH	R in Ω
3	2,0 mm	0,72	1,74
	1,0 mm	0,78	3,46
	0,5 mm	0,86	8,03
1	2,0 mm	0,31	0,86
	1,0 mm	0,34	1,71
	0,5 mm	0,40	6,15

Zusammenfassend kann gezeigt werden, dass die EP zur Herstellung dieses verhältnismäßig einfachen Massenproduktes geeignet ist. Die Praxisnähe ist aufgrund der verwendeten Substrate durchaus diskussionswürdig, da die Keramiken als Basis für RFID-Antennen im Vergleich mit handelsüblichen RFID-Antennen für gängige Anwendungen unzweckmäßig sind. Nichtsdestotrotz liegt ein großes Potenzial darin, dass RFID-Antennen im Rahmen eines Produktionsprozesses direkt auf ein Produkt gedruckt werden könnte, bis zu einem gewissen Grad sogar zusammen mit Farbe oder anderen funktionellen Elementen. Durch die so mögliche Einsparung von Arbeitsschritten besteht hier eine Möglichkeit der Effizienzsteigerung und somit ein wirtschaftlicher Anreiz. Dafür bedarf das Verfahren noch einiger Weiterentwicklung, aber eine prinzipielle technische Machbarkeit ist erwiesen. Die gezeigten Ergebnisse unterstreichen somit nicht nur die bereits im vorigen Kapitel erwähnte Qualität der Toner, insbesondere von C03, sondern liefern erste Potenziale zur praktischen Anwendung.

5.5.2 Leistungsfähigkeit von Silberleiterbahnen

Die Einschätzung der Leistungsfähigkeit von Silberleiterbahnen im Rahmen dieser Studie ist gewissen Einschränkungen unterworfen. Insbesondere wenn man versucht, die tatsächlichen Möglichkeiten bezüglich Leitfähigkeit und geometrischer Struktur zu ermitteln. Die Grundlagenforschung im Rahmen dieser Studie hat einige dieser Einschränkungen identifiziert und beschrieben. Bei der Beurteilung der Leitfähigkeit, insbesondere bei wenigen Druckvorgängen, sind die Einschränkungen bei der Linienbreitenbestimmung (Kapitel 4.4) beschrieben, zudem ist diese auch ein wichtiges geometrisches Merkmal. Ebenso ist eine zuverlässige Bestimmung der Schichtdicke (Kapitel 4.2) mit den zur Verfügung stehenden Mitteln nicht möglich. Diese messtechnischen Einschränkungen werden ergänzt von Prozessparametern, die die Vergleichbarkeit einzelner Druckergebnisse einschränken. Wesentlich sind hierbei die Linienverbreiterung (Kapitel 5.2.3), die negativen Einflüsse des Mehrfachdrucks (Kapitel 5.2.5) und die Veränderungen während des Sinterprozesses, insbesondere im *Cofiring* (Kapitel 5.3) zu nennen. Diese Einflüsse erschweren es, vergleichbare und reproduzierbare Ergebnisse zur Leistungsfähigkeit des Verfahrens zu präsentieren.

Dennoch bieten sich dazu Möglichkeiten. Bereits die zuvor beschriebenen Versuche und deren Ergebnisse zeigen das mögliche Leistungsvermögen des Verfahrens auf. Eine gute Möglichkeit, diese einzuordnen ist der Vergleich mit einer etablierten, digitalen Drucktechnik für leitfähige Strukturen: Inkjet. Durch eine Vergleichsstudie mit dem Toner C03 und einer auf den gleichen Partikeln basierenden Silbertinte lassen sich einige Tendenzen identifizieren [Büttner 11b]. Ein Vergleich der Silberleiterbahnen unter dem Mikroskop zeigt **Bild 5.39**.

Bild 5.39: Links: Inkjet-Druck einer Silberleiterbahn, 20 Druckvorgänge, *Cofiring* auf Grüntape, rechts: C03 Silberleiterbahn auf Grüntape, Fünffachdruck, im *Cofiring*-Verfahren gesintert

Die EP-gedruckte Leiterbahn stellt ein besonders gelungenes Exemplar im *Cofiring* dar, bei der sich vor allem der Sinterschrumpf positiv auf die Struktur der Leiterbahn auswirkt. Um einen Vergleich der Methoden anstellen zu können, sollen zusätzlich noch die in **Bild 5.40** gezeigten Widerstandswerte zweier Testreihen vergleichend herangezogen werden.

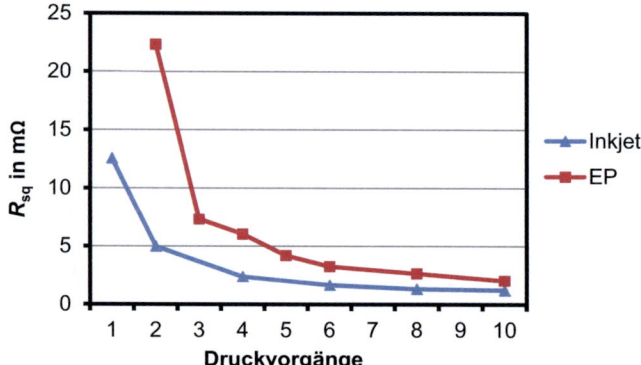

Bild 5.40: Vergleich einer elektrofotografisch gedruckten Leiterbahn mit einer Inkjet-Leiterbahn, identische sphärische Partikel, Linienbreite: EP nominal 1,0 mm, Inkjet real 120 bis 200 µm (steigend über Druckvorgänge).

Mikroskopbilder und Messwerte zeigen durchaus, dass der Vorsprung von Inkjet noch deutlich ist. Insbesondere wenn man bedenkt, dass Inkjet deutlich kleinere Strukturen drucken kann und bezüglich Kantenschärfe, Homogenität und Dichte den besseren visuellen Eindruck aufweist. Auch die erzielten Leitwerte sind besser und werden mit feineren Strukturen erzielt. Allerdings ist es bemerkenswert, wie gering der Unterschied ist wenn man den unterschiedlichen Entwicklungsstand beider Methoden in Erinnerung ruft. Unter Beachtung der genannten Vorteile von EP als lösungsmittelfreie Methode mit hohen Druckgeschwindigkeiten bestätigt die Annäherung der Leistungsdaten im Rahmen dieser Studie das Potenzial der Elektrofotografie.

Bild 5.41: C03 Silberleiterbahn, Einfachdruck, nominale Linienbreite 0,5 mm, *Postfiring* mit Sinterprofil 1; links: keine Oberflächenbehandlung; rechts: nach Oberflächenbehandlung des Substrats

Dabei ist zu beachten, dass eines der größten Hemmnisse bei der Nutzung der Leistungsfähigkeit der Elektrofotografie als Methode zur Herstellung funktionaler Strukturen die Notwendigkeit des Mehrfachdruckes ist. Die konsekutive Steigerung der Leistungsfähigkeit der Toner bis hin zur dritten Generation sorgt bereits für eine deutliche Verbesserung des Tonerübertrages auf das Substrat. Um diesen noch weiter zu erhöhen, ist in Kapitel 5.2.6 eine Methode zur Oberflächenbeschichtung beschrieben, die den Tonertransfer, zunächst auf Grüntape, weiter verbessert. Jedoch bringt der Prozess des *Cofirings* der Silberbahnen und der Grüntapes nicht die gewünschte Qualität der resultierenden Leiterbahnen hervor. Allerdings sorgt die Anwendung der Oberflächenbeschichtung auf bereits gebrannte Keramiken für eine Verbesserung der Qualität der resultierenden Silberleiterbahnen bereits nach einem Druckvorgang, wie auf **Bild 5.41** zu erkennen ist.

Bild 5.42: C04 Silberleiterbahn, Einfachdruck, nominale Linienbreite 0,5 mm, *Postfiring* Sinterprofil 1; links: ohne Oberflächenbehandlung; rechts: mit Oberflächenbehandlung des Substrates

Der direkte Vergleich zeigt, welche Steigerung der Qualität dadurch erreicht wird. Der Toner C03 zeigt nach einem Druckvorgang bereits eine hohe Dichte, die im Vergleich mit Druckergebnissen ohne Oberflächenbehandlung erst nach mindestens zwei Druckvorgängen erreicht werden. Der Effekt der Beschichtung bestätigt sich auch beim Toner C04, wie **Bild 5.42** zeigt.

Die resultierenden Leiterbahnen beider Toner zeigen sich deutlich verbessert, insbesondere im Vergleich mit den Ergebnissen ohne Oberflächenbehandlung von C04. Das schlägt sich auch in den in **Tabelle 5.14** aufgeführten Widerstandswerten und Ausfallraten nieder.

Tabelle 5.14: Ausfallrate und Flächenwiderstand von Silberleiterbahnen, Einfachdruck auf beschichtete Keramik (Leitfähigkeitslösung), *Postfiring* mit Sinterprofil 1 [Büttner 12]

Toner	Nominale Linienbreite	R_{sq} in mΩ	Ausfallrate
C03	1,0	41,8	0 %
C03	0,5	38,1	50 %
C03	0,2	72,3	83 %
C04	1,0	51,5	17 %
C04	0,5	38,9	0 %
C04	0,2	68,5	83 %

Die Ergebnisse mit Oberflächenbehandlung stellen eine erhebliche Verbesserung hinsichtlich der Anwendbarkeit des Prozesses dar. Dennoch ist kritisch anzumerken, dass die Messwerte größeren Schwankungen unterliegen und lediglich Leiterbahnen mit einer Breite von 1,0 mm zuverlässig erstellt werden können. Nichtsdestotrotz zeigen diese Ergebnisse, dass Leitfähigkeit bereits nach einem Druckvorgang erreicht werden kann und dass große Potenziale zur Weiterentwicklung der Methode bestehen.

5.6 Fazit

Im Laufe dieses Kapitels gelingt die Beantwortung der wesentlichen Fragestellung dieser Studie: Es ist möglich, mittels Elektrofotografie leitfähige Strukturen, speziell Silberleiterbahnen, auf Keramik herzustellen. Der dazu in Zusammenarbeit mit der CTG PrintTEC GmbH gebaute und weiterentwickelte Drucker-Prototyp erweist sich als geeignet. Den Schwerpunkt bildet der Transfer des Toners auf das Substrat, der eine große Herausforderung darstellt. Dabei erweist sich der Transfer mittels einer Oberflächenladung des Substrates als richtiger Weg, um homogene Leiterbahnen erzeugen zu können. Ansatzpunkte zur Verbesserung bietet hauptsächlich die eingesetzte Transferwalze, die zwar die positive Eigenschaft des Druckes auf harte Substrate hervorbringt, allerdings auch für mangelnde Präzision beim Druckergebnis sorgt. Weiterhin wird der unerwünschte Effekt der Linienverbreitung identifiziert und die Verbesserung des OPCs als Ansatz zu dessen Behebung erkannt. Die formulierte Forderung, dass Leitfähigkeit nach einem einzigen Druckvorgang bestehen muss, ist anhand von Untersuchungen zum Mehrfachdruck und dessen unerwünschten Nebeneffekten bestätigt. Weitere Einflussfaktoren auf das Druckergebnis und Möglichkeiten zur Verbesserung des Transfers sind beschrieben. Dabei ist festzustellen, dass weniger die elektrischen Eigenschaften des Substrates, als vielmehr die Beschaffenheit von dessen Oberfläche wesentlich für den Transfer ist. Dies bildet auch eine der erfolgversprechendsten Ansätze für weitere Forschungen zur Verbesserung des Druckergebnisses. Zusätzlich sollte für den Transfer die Methode der Oberflächenladung beibehalten werden, allerdings sollte im Rahmen der Weiterentwicklung versucht werden, direkt vom OPC zu transferieren. Ebenso muss für Anwendungen im Dickschicht-Bereich die Präzision des Druckers durch einen verbesserten OPC und einer höhere Auflösung des Schreibkopfes gesteigert werden. Weiterhin ist dazu eine Erhöhung der Genauigkeit bei der Positionierung des Substrates erforderlich.

Von Seiten der Messmethoden zeigte die sich, unter Beachtung der in Kapitel 0 beschriebenen Problemstellungen, dass die angewandten Methoden keine widersprüchlichen Ergebnisse liefern und somit als plausibel und brauchbar bewertet werden können. Hervorzuheben ist die Erkenntnis, dass die Dichtemessung des PIAS II einen nachvollziehbaren Schwellwert zur Beurteilung erster Leitfähigkeit liefert. Dabei ist die erwähnte Problematik der unterschiedlichen Farben der Toner zu beachten.

Bezüglich des Sinterverfahrens lässt sich feststellen, dass mit den eingesetzten Mitteln lediglich das *Postfiring*-Verfahren zuverlässig beherrscht werden kann. Es bietet eine gute Möglichkeit zur Evaluierung und zum Vergleich der verwendeten Toner. Die Ergebnisse des *Cofiring*-Verfahrens sind hingegen kritisch zu beurteilen und liefern zumeist nur Tendenzen und Richtwerte. Dieser Umstand ist allerdings nicht zwangsweise im Verfahren begründet, sondern vermutlich eher in den notwendigen Anpassungen (beispielsweise Verzicht auf *release*-tape, kaltlaminieren) die hier gemacht werden müssen. In dieser Hinsicht besteht ein Forschungsbedarf, mit entsprechenden Mitteln und Fokussierung auf das Verfahren ein umfassendes Bild von dessen Möglichkeiten zu liefern.

Im Vergleich der Toner zeigen sich die großen Erfolge des *Coatings* der Silberpartikel, insbesondere das sog. *Coating* der 3. Generation. Die so erzeugten Toner überzeugen beim Transfer und bei den resultierenden Leiterbahnen. Sphärische Partikel stellen dabei offenbar die deutlich geeignetere Basis für Silbertoner dar, da es Probleme bei der Bindung von Flakes mit den Keramiksubstraten gibt. Diese führen zur Rissbildung im *Cofiring* und zu geringer Zuverlässigkeit der Leiterbahnen im *Postfiring*. Bei gewünschter Nutzung von Flakes besteht Forschungsbedarf in der Anpassung der Partikel bzw. des Toners an das Substrat.

Als besonders geeigneter Toner erweist sich der auf sphärischen Partikeln bestehende C03. Er liefert im Vergleich die besten Druckergebnisse und zeigt ein hohes Maß an Zuverlässigkeit. Ebenfalls ist der Toner C03 von den hier vorgestellten Tonern derjenige, dessen Ergebnisse eindeutig reproduzierbar sind. Somit bestätigen sich die Erkenntnisse aus Kapitel 0, dass das verbesserte Coating wesentlich die Tonereigenschaften steigert und somit der Schlüssel zum erfolgreichen Einsatz der Elektrofotografie in der Dickschichttechnik, aber auch in anderen Anwendungen des funktionellen Drucks leitfähiger Elemente ist.

Zudem können als Beispiele für Anwendungsmöglichkeiten erfolgreich RFID-Antennen gedruckt werden. Sie zeugen von der hohen Flexibilität der Methode und zeigen, dass nicht nur Silberleiterbahnen, sondern auch komplexere Strukturen möglich sind, unter Beachtung der notwendigen Verbesserungen bei der Präzision.

Abschließend kann auch die wesentliche Forderung, die Leitfähigkeit einer Silberbahn nach nur einem Druckvorgang, erfüllt werden. Durch Kombination aller im Laufe der Studie gewonnenen Erkenntnisse wird eine Verbesserung des Übertrags erreicht. Die resultierenden Leiterbahnen weisen noch nicht die gewünschte Qualität auf, stellen aber einen wichtigen Zwischenschritt bei der Etablierung der Methode dar. Denn nur mittels Einfachdruck können die Potenziale der EP, insbesondere was Druckgeschwindigkeit, Flexibilität und Präzision angeht, ausgeschöpft werden.

Anhand des aktuellen Standes lässt sich zusammenfassen, dass die Leiterbahnen was Geometrie, Schichtdicke und Leitfähigkeit angeht, noch nicht vollständig den Ansprüchen eines anwendungsfähigen Produktionsverfahrens genügen. Jedoch sind die entscheidenden Grundlagen dahingehend gelegt, der notwendige Forschungsbedarf ist identifiziert und die Machbarkeit der Methode ist erwiesen.

6 Potenzialanalyse

Durch die zuvor beschriebenen Ergebnisse ist die Machbarkeit des elektrofotografischen Drucks von Dickschichtelementen, insbesondere von Silberleiterbahnen, erwiesen und es existieren Lösungen für die entscheidenden Problemstellungen. Auf Basis der Ergebnisse sowie der gewonnenen Fachexpertise werden in diesem Kapitel die Potenziale der Methode analysiert. Dabei wird zuerst ein globaler Blick auf die industrielle Entwicklung gerichtet bevor die technologischen Potenziale analysiert werden. Abschließend werden mögliche Anwendungen inner- sowie außerhalb der Dickschichttechnik betrachtet.

6.1 Potenziale der industriellen Entwicklung

Bei der Betrachtung des industriellen Potenzials der EP im funktionellen Druck, d. h. des Potenzials für die Weiterentwicklung der Technologie zu einem Fertigungsprozesses, ist als Status quo in der Dickschichttechnologie zunächst die Dominanz des Siebdruckes festzustellen [Pitt 05]. Bei der Entwicklung digitaler Technologien, die diese ergänzen oder ersetzen sollen ist die Entwicklung des Inkjet-Drucks weit fortgeschritten [Waßmer 11] [Li 07], während die EP wenig betrachtet wurde (Kapitel 2.3). Grundsätzlicher Nachteil der EP ist die bisher nichtvorhandene Fähigkeit, leitfähige Partikel zu verdrucken. Dies wird erst mit den in dieser Studie präsentierten Ergebnissen überwunden. Ob diese Ergebnisse dazu führen, dass sich von Seiten der Hersteller von Dickschicht-Elementen oder anderer funktioneller Anwendungen Interesse an der EP entwickelt, ist vorerst nicht abzuschätzen.

Aufschlussreicher dürfte die Fragestellung sein, welches Interesse Unternehmen mit Schwerpunkt im Bereich der EP am funktionellen Druck haben. Betrachtet man deren Veröffentlichungen auf den einschlägigen Fachkonferenzen[6], zeigt sich ein deutlicher Fokus auf dem grafischen Druck auf Papier und dessen Weiterentwicklung und geringes Interesse am funktionalen Druck. Dies könnte sich bald ändern, betrachtet man die Entwicklung, die das Medium Papier in letzter Zeit genommen hat und weiterhin nimmt.

Die Online-Ausgabe des SPIEGELs widmet sich diesem Thema in einigen Artikeln, z. B. wird eine Schule beschrieben, die durch Nutzung von Cloud-Technologie und Tablet-PCs gänzlich auf Papier verzichtet [Lettenbauer 11]. Auch werden Entwicklungen am Buchmarkt aufgezeigt, wo durch die Verbreitung des E-Books prognostiziert wird, dass der „Primat des Papiers eines Tages Vergangenheit sein wird" [Stöcker 11]. Ein sehr deutliches Zeichen für die Abkehr vom Papier ist eine Beobachtung während der 11. Kalenderwoche des Jahres 2011. Die arabische Rebellion stand eine Woche vor Beginn des Eingreifens westlicher Mächte in Libyen kurz vor dem Höhepunkt, als zeitgleich ein Tsunami Japan traf, es folgte die Atom-Katastrophe von Fukushima. Statistiken des Bahnhofbuchhandels verzeichneten in der „extremsten Nachrichtenlage seit dem 11. September 2001" keinen signifikanten Anstieg der Verkäufe der erfassten Zeitungstitel. Zeitgleich stiegen die Zugriffszahlen der gängigen Online-News-Portale [Patalong 11]. Dass diese Entwicklung nicht nur auf dem privaten

---

[6] z. B. *NIP – International Conference on Digital Printing* und *Digital Fabrication* der *Society for Imaging Science and Technology*, URL: http://www.imaging.org/ist/Conferences/index.cfm, Abruf 01.08.12

Sektor abläuft, zeigt die Ankündigung der Bundesagentur für Arbeit zukünftig auf Papier-Akten verzichten zu wollen und komplett auf elektronische Akten umstellen zu wollen [Öchsner 12].

Leidtragende dieser Entwicklung sind zuerst die Hersteller herkömmlicher Druckmaschinen, wie die Insolvenz von Manroland im Jahre 2011 belegt. Diese wurde zwar auch durch die Wirtschaftskrise von 2008 verursacht, durch die im Print-Bereich das Werbe- und Anzeigengeschäft dramatisch eingebrochen war. Nach der Krise begannen die Unternehmen zwar wieder ihre Werbebudgets aufzustocken, doch immer mehr Kampagnen wurden vom Print ins Internet verlagert. Mit der Digitalisierung in den Medien, mit dem Siegeszug von Smartphones und Tabletcomputern kam vom Aufschwung nur wenig bei den deutschen Druckereien an [Dietz 12].

Es scheint, als wären die Unternehmen im EP-Bereich von dieser Entwicklung noch nicht betroffen, aber es lässt sich prognostizieren, dass das Schrumpfen des Papiermarktes die Branche auch bald ereilt. Sollten sich diese auf der Suche nach neuen Märkten und Produkten dem funktionellen Druck, insbesondere dem Druck von Elektronik zuwenden, entsteht ein enormes Potenzial für die Weiterentwicklung der Technologie, insbesondere da einige technische Problemstellungen im Verlaufe dieser Studie gelöst werden konnten.

6.2 Technologische Potenziale

Zur Weiterentwicklung des Verfahrens sind, auf Basis der gewonnenen Erkenntnisse, bereits jetzt wesentliche technologische Potenziale identifizierbar. Dazu sind in **Bild 6.1** in Form eines Ishikawa-Diagramms die wesentlichen Einflussfaktoren auf die Güte des Druckergebnisses zusammengefasst.

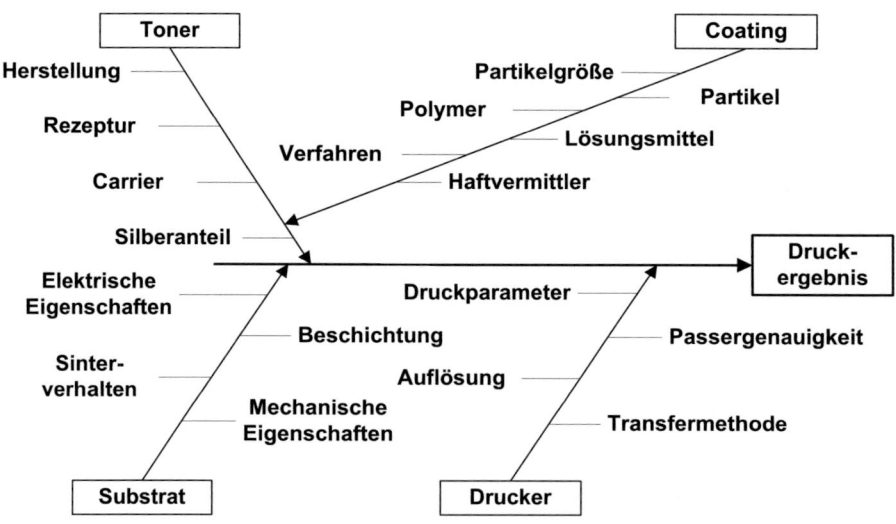

Bild 6.1: Auswahl einiger, als wesentlich erachteter Einflussfaktoren auf die Güte des Druckergebnisses

Der Begriff Druckergebnis ist dabei definiert als die Erfüllung derjenigen Anforderungen, die für die Güte von Silberleiterbahnen für Dickschichtanwendungen existieren. Dies beinhaltet das Erreichen einer möglichst günstigen Geometrie (geringe Linienbreite, -abstände etc.) bei möglichst hoher Leitfähigkeit. Grundsätzlich werden Fortschritte im Bereich der EP durch eine simultane Weiterentwicklung von Drucker und Toner erzielt. Bei letzterem hat ergänzend das Coating der leitfähigen Partikel erhebliches Gewicht. Im Gegensatz zur herkömmlichen EP, die hauptsächlich Papier bedruckt, gilt es weiterhin, dass Substrat gesondert zu betrachten.

Eine der wesentlichen Kenngrößen im Bereich der Dickschichttechnik sind Linienbreite und deren minimaler Abstand. Die bisher erzielten Ergebnisse in diesem Bereich sind nicht zufriedenstellend, deren Verbesserung stellt aber zugleich auch das wesentliche Potenzial des **Druckers** dar. Ursächlich dafür sind, neben der mangelnden Passergenauigkeit beim Mehrfachdruck, die niedrige Auflösung des Druckers und der beschriebene Effekt der Linienverbreiterung (Kapitel 5.2.3). Allerdings existieren bereits Lösungen hierzu, Auflösungen bis 1200 dpi sind im Grafikdruck realisiert und es gibt bereits Forschungsergebnisse, die Lösungen zur effektiven Unterdrückung des Linienverbreiterungseffekts bieten und eine reale OPC-Auflösung von 2400 dpi für realisierbar erachten lassen [Yokota 06]. Die resultierende Bildpunktgröße von 10,6 µm würde den Ansprüchen der Dickschichttechnik mehr als gerecht werden. Damit diese Auflösung auch auf dem Substrat erreicht wird, sind Verbesserungen im Tonertransfer notwendig. Die bestehenden Potenziale in der Verbesserung der Transfermethode sind bereits identifiziert (Kapitel 5.2) und bedürfen der Realisation bei der Weiterentwicklung des Druckers.

Zusätzlich dazu können Veränderungen der Oberfläche des **Substrates** den Tonertransfer erheblich verbessern (Kapitel 5.2.6 und 5.5.2). Die Erforschung der elektrischen und mechanischen Eigenschaften der Substrate, insbesondere deren Oberfläche, bieten somit weitere Potenziale zur Verbesserung des Druckergebnisses. Gleiches gilt für die Sintereigenschaften des Substrates, die immer in Verbindung mit denen des Silbers/Toners zu betrachten sind.

Das größte Potenzial der hier beschriebenen Methode besteht jedoch in der Weiterentwicklung des **Toners**. In Rezeptur (d. h. Inhaltsstoffe und deren Anteil) und Herstellungsmethode des Toners sind Potenziale zur Optimierung zu finden, da diese bisher nur auf ungecoatete Silberpartikel ausgerichtet sind und bislang nicht weiterentwickelt werden. Auch bestehen Chancen zur Verbesserung in der Variation bzw. Erhöhung des Silberanteils im Toner, wie die Ergebnisse von Aoki nahelegen [Aoki 04]. Des Weiteren lassen sich erhebliche Potenziale in der Auswahl, Beschichtung und den Eigenschaften des Carriers vermuten, die im Rahmen dieser Studie bisher nicht betrachtet werden. Hierbei ist auch die Möglichkeit der Nutzung eines Ein-Komponenten-Toners, wie Walker nahelegt [Walker 99], weiterhin zu beachten, auch wenn diese als unwahrscheinlich erachtet wird.

Die wesentliche Möglichkeit zur Verbesserung des Toners ist in der Weiterentwicklung des **Coatings** anzunehmen. Zu dieser neuen Methode sind die Grundlagen erarbeitet (Kapitel 3.2) und die grundsätzliche Funktionalität der Methode ist nachgewiesen. Allerdings lässt dieser grundlegende Charakter der beschriebenen Forschungen erhebliche Potenziale zur Verbesserung des Coatings wahrscheinlich erscheinen. Bei den verwendeten Stoffen bieten sich zahlreiche Optionen, wie die Variationen von Art und Anteil des Lösungsmittels sowie des Polymers. Ebenso stellt die Applikation von Haftvermittlern eine Möglichkeit zur Verbesserung des Coatings dar. Auch die Frage nach den Eigenschaften der verwendeten Silberpartikel ist noch nicht umfassend beantwortet, hier bieten sich ebenso Potenziale wie in der

Variation der Partikelgröße. Weiterhin ist das angewandte Verfahren zu optimieren. Dies beinhaltet die Dispergierung auf dem Dreiwalzenstuhl ebenso wie die Trocknung und das Mahlen der getrockneten Masse aus Silber und Polymer.

Außerdem stellt sich die Frage, ob ein eigenständiger Vertonerungsprozess in der klassischen Form überhaupt nötig ist, oder ob sich das Verfahren von Ueda übertragen lässt. Dabei werden aus gecoateten Silberpartikeln durch Hinzufügen von CCA und Oberflächenadditiven Tonerpartikel hergestellt [Ueda 08]. Der interessanteste Aspekt dabei ist der hohe Silberanteil. Die Tonerpartikel würden nahezu vollständig aus (gecoatetem) Silber bestehen, was die Leitfähigkeit einer Leiterbahn erhöhen könnte. Dagegen spricht die hohe Dichte von Silber und das daraus resultierendes Gewicht der Partikel. Dies könnte zu Problemen beim Transport der Partikel durch den Prozess führen, dennoch kann hier ein wesentliches Potenzial zur Steigerung der Leistungsfähigkeit liegen.

In der Zusammenfassung zeigt sich, dass bisher lediglich die Grundlagen erarbeitet sind. Der dabei erzielte Erfolg lässt bei entsprechendem Ressourceneinsatz auf erhebliche Potenziale für die Weiterentwicklung der Methode, insbesondere des Coatings und der Druckauflösung, schließen. Die Ausschöpfung dieser Potenziale eröffnet dabei zahlreiche Möglichkeiten zur industriellen Anwendung der Methode in naher Zukunft.

6.3 Anwendungspotenziale

Die Anwendungsmöglichkeiten der Methode im Rahmen der **Dickschichttechnologie** hängen entscheidend davon ab, ob die Potenziale in der Auflösung, und somit die üblichen Maße was Linienbreite und -abstand angeht, erreicht werden können. Sofern dies geschieht, bietet sich mit der Elektrofotografie eine gute Möglichkeit zur Ergänzung oder Ablösung des Siebdruckes in der Herstellung von Dickschicht-Schaltungen. Die Vorteile der Methode liegen in ihrer hohen Flexibilität, den geringen Rüstzeiten und der hohen Druckgeschwindigkeit. Gerade letzteres stellt auch gegenüber Inkjet eine Verbesserung dar.

Die Möglichkeiten innerhalb der Dickschichttechnologie potenzieren sich, wenn man die bereits von Murata patentierte Idee des dreidimensionalen Aufbaus von Mikrohybriden weiter verfolgt [Kamada 01]. Die Forschungsarbeiten an der DeMontford University in England haben bereits gezeigt, dass der Aufbau dreidimensionaler Objekte mittels EP machbar ist [Jones 10] [Jones 11b] [Wimpenny 09]. Insofern sollte es möglich sein, eine üblicherweise mehrschichtige Mikrohybrid-Schaltung, bestehend aus Leiterbahnen und Keramik, auf einem Trägersubstrat vollständig dreidimensional aufzubauen. Die Herstellung von Grüntapes und deren mehrschichtige Zusammenführung und Laminierung würden entfallen. Aus technologischer Sicht lassen sich bisher keine grundsätzlichen Hindernisse hierfür erkennen. Selbstverständlich müssten auch hier die Erfordernisse, was Auflösung angeht, erfüllt werden. Auch der Passergenauigkeit käme hier erneut hohe Bedeutung zu, die allerdings nicht als wesentliche technische Herausforderung zu bewerten ist.

Aber auch außerhalb der Dickschichttechnologie sind Anwendungen der Technologie vorstellbar. Mehrere Forschungsarbeiten thematisieren die Möglichkeiten der Elektrofotografie zur Herstellung von **PCB**s [Tombs 10] [Jones 11a] [Aoki 04]. Da die Fähigkeit der EP zum Druck von leitfähigen Strukturen erwiesen ist, ist auch hier der Druck von Kupferleiterbahnen denkbar. Es lässt sich vermuten, dass sich die Vertonerung bzw. das Coating von Kupferpartikeln nicht wesentlich vom Coating von Silberpartikeln unterscheidet. Auch hier bietet die EP eine flexible und schnelle Möglichkeit zum Druck der Leiterbahnen, die sich ebenfalls durch die Möglichkeit zum dreidimensionalen Aufbau der PCBs potenzieren.

Weiterhin ist belegt, dass der Druck von **RFID**-Antennen möglich ist (Kapitel 5.5.1). Dabei sind Anwendungen vorstellbar, bei denen die RFID-Antenne direkt zusammen mit grafischen Elementen (d. h. Farbdruck) auf eine Oberfläche aufgebracht wird, z. B. bei der Herstellung einer Verpackung. Allerdings sind hierfür erhebliche Modifikationen notwendig, da für die hier verwendeten Silberpartikel Sintertemperaturen zwischen 600 °C und 950 °C aufgebracht werden. Eine erhebliche Absenkung dieser Temperaturen oder sogar der vollständige Verzicht auf einen Sinterprozess wären notwendig, um eine praktische Anwendung zu erreichen. Dies könnte durch kleinere Partikel erreicht werden, allerdings lässt sich das nicht direkt aus den zuvor gezeigten Ergebnissen ableiten.

Eine Weiterentwicklung des Prozesses, evtl. bedingt durch die beschriebenen Veränderungen des Marktes für EP, unter Ausnutzung der gezeigten technischen Potenziale lassen auf Möglichkeit zur Entwicklung eines industriell anwendbaren Herstellungsprozesses für digital gedruckte, leitfähige Elemente schließen. Die Vorteile des elektrofotografischen Prozesses könnten somit eine passende Ergänzung oder sogar Verbesserung der bestehenden Herstellungsverfahren bieten.

7 Zusammenfassung und Ausblick

Elektrofotografie ist als Technologie zum Druck von leitfähigen Strukturen in der Dickschichttechnik geeignet. Mit der vorliegenden Studie konnte die Machbarkeit nachgewiesen und mit dem erfolgreichen Druck von leitfähigen Partikeln die wesentliche Herausforderung beim elektrofotografischen Druck von Elektronik im Allgemeinen bewältigt werden.

Dazu wird in Kapitel 0 zunächst als Stand der Technik erfasst, dass bisher die Elektrofotografie im funktionellen Bereich meist nur indirekt angewandt wird. Der direkte Druck leifähiger Partikel wird versucht zu umgehen. Bei den Ansätzen, die dies dennoch versuchen, wird erkannt, dass es notwendig ist, die Partikel mit nicht-leitfähigem Material zu umhüllen. Allerdings ist nicht ersichtlich, dass die dazu beschriebenen Methoden auch erfolgreich angewandt werden.

Dieser Ansatz wird in Kapitel 0 aufgegriffen, in dem eine Methode vorgestellt wird, bei der durch mechanische Dispergierung auf dem Dreiwalzenstuhl ein Coating von Silberpartikeln erfolgreich appliziert wird. So werden die Partikel vor der Verarbeitung zum Toner elektrisch isoliert. Die Methode ist sowohl bei Flakes, als auch bei sphärischen Silberpartikeln erfolgreich. Als Zwischenprodukt des Verfahrens entstehen Pasten, in denen die gecoateten Silberpartikel dispergiert sind. An diesen Pasten werden erste Ansätze zur Gütebestimmung des Coatings angewandt und bewertet.

Anhand von Messungen des Ladungsverhaltens des Endprodukts, der hergestellten Silbertoner auf Basis gecoateter Partikel, kann gezeigt werden, dass diese für den elektrofotografischen Prozess nutzbar sind und dass deren Eigenschaften im Vergleich zu Tonern mit nicht gecoateten Partikeln erheblich verbessert werden können.

Um die Leistungsfähigkeit der Toner im Druck zu überprüfen, erfolgt in Kapitel 0 eine Analyse entsprechender Druckergebnisse mit im Bereich der Elektrofotografie sowie im Bereich der Dickschichttechnik gängigen Messmethoden. Dabei sind die untersuchten Methoden nicht ohne vorherige Adaptierung an die gedruckten Strukturen anwendbar. Das Weißlichtinterferometer zeigt Defizite aufgrund der Körnigkeit der gedruckten Strukturen und der Oberflächeneigenschaften von Grüntape. Auch die Messung des Flächenwiderstands beinhaltet Besonderheiten, allerdings sind diese kompensierbar. Dadurch lässt sich der Wert des Flächenwiderstands als gute Möglichkeit zur Evaluierung der Leiterbahnen einsetzen. Weiterhin kommt der visuellen Evaluierung der Druckergebnisse eine große Bedeutung zu. Dies geschieht meist anhand von Mikroskop-Aufnahmen, allerdings bietet die Bildverarbeitung des PIAS II-Systems vielversprechende Ansätze zur automatisierten optischen Beurteilung. Es lassen sich geeignete Schwellwerte der optischen Dichte für die Leitfähigkeit von Strukturen ermitteln, die durch Experimente verifiziert werden.

Mittels der betrachteten Messmethoden werden in Kapitel 5 die Ergebnisse des eigentlichen Druckes begutachtet. Zuerst liegt der Schwerpunkt dabei auf der Untersuchung des Tonertransfers auf das Substrat. Es zeigt sich, dass bei Grüntapes und Keramik eine Oberflächenladung des Substrates eine erfolgreiche Transfermethode darstellt. Dabei fällt ein unerwünschter Linienverbreitungseffekt auf, der zu Defiziten bezüglich der erzielten Auflösung auf dem Substrat führt. Dieser Effekt wird durch den notwendigen Mehrfachdruck noch verstärkt. Ein Ansatz zur Verbesserung des Transfers bietet eine Oberflächenbeschichtung des Substrates mit einer Leitfähigkeitslösung, so dass die Anzahl der notwendigen Druckvorgänge bis zum Erreichen der Leitfähigkeit reduziert werden kann.

Beim Sinterverhalten ist unter den bei der Elektrofotografie notwendigen Einschränkungen nur eine bedingte Eignung des *Cofiring*-Verfahrens zur Herstellung von leitfähigen Strukturen erkennbar. Dies muss aber nicht prinzipiell gelten, da durchaus funktionsfähige Silberleiterbahnen hergestellt werden können und die Machbarkeit auch hier demonstriert werden kann. Besser gelingt dies dennoch im *Postfiring*-Verfahren, bei dem sich keine wesentlichen Einschränkungen erkennbar sind und gut skalierbare, reproduzierbare Silberleiterbahnen hergestellt werden können.

Dafür eignet sich der auf sphärischen Silberpartikeln basierende Toner C03 am besten. Dessen Silberpartikel sind mit einem Coating der dritten Generation versehen, das durch einen relativ hohen Anteil von Polymer charakterisiert ist. Weiterhin ist eine Fritte aus für LTCC-Anwendungen optimiertem Borsilikatglas beigemischt. Der Toner verbindet sich sowohl im *Postfiring*- als auch im *Cofiring*-Verfahren gut mit der Keramik und formt Silberleiterbahnen mit einer hohen Dichte und geringem Flächenwiderstand. Er dient als Demonstrator eines einsatzfähigen Toners zum Druck leitfähiger Strukturen und beweist den Erfolg der angewendeten Methoden. Toner, die auf Flakes basieren, zeigen hingegen ein schlechtes Bindungsverhalten auf der Keramik. Dies führt zu Rissen beim *Cofiring* und zu hohen Ausfallraten beim *Postfiring*.

Um die Möglichkeiten der Elektrofotografie zu demonstrieren, erfolgt anschließend der erfolgreiche Druck von RFID-Antennen auf Keramik. Dadurch zeigt sich die hohe Flexibilität der vorgestellten digitalen Methode, mit der es gelingt, ein leitfähiges und induktives Layout herzustellen. Unter Zusammenführung der gewonnen Erkenntnisse gelingt es schließlich, in nur einem Druckvorgang mit dem Toner C03 auf einer mit Leitfähigkeitslösung behandelten Keramik eine leitfähige Silberbahn im *Postfiring*-Verfahren herzustellen.

Auf Basis der erarbeiten Erkenntnisse werden in Kapitel 6 die weiteren Potenziale des Verfahrens analysiert. Für ein gesteigertes Interesse der elektrofotografischen Industrie am funktionalen Druck könnten die Entwicklungen auf dem Papiermarkt sorgen. Dies würde die notwendigen Ressourcen freisetzen, die zur Umsetzung der technischen Potenziale notwendig wären und die weitere Anwendungsgebiete öffnen würden.

Aus der Evaluierung dieser technischen Potenziale lässt sich auch der wesentliche weitere Forschungsbedarf ableiten. Von Seiten des Druckers ist eine Steigerung der Auflösung auf 1200 oder sogar 2400 dpi notwendig. Dazu existieren bereits Forschungsergebnisse aus dem grafischen Druck, mit denen dem Linienverbreiterungseffekt entgegen gewirkt werden kann. Zusätzlich ist es notwendig, die Untersuchungen des Transfers weiterzuführen. Um die Auflösung und den Übertrages zu erhöhen, wird empfohlen, weiterhin mittels Oberflächenladung zu transferieren. Dabei sind jedoch die Möglichkeiten zur direkten Übertragung der Tonerpartikel vom Fotoleiter auf das Substrat zu untersuchen. Erhöhter Aufmerksamkeit bedarf dabei die Ermittlung der Ursachen der gravierenden Unterschiede zwischen horizontalen und vertikalen Leiterbahnen.

Bei der Evaluierung der Druckergebnisse fehlen Möglichkeiten zur zuverlässigen Vermessung der Geometrie gedruckter Strukturen. Hier sollten Alternativen gesucht werden, evtl. könnte ein Lasermessverfahren Abhilfe schaffen. Auch könnte bei einer Weiterentwicklung der Toner das PIAS II-System noch weitere Potenziale bergen.

Beim Toner sollte das Hauptaugenmerk auf das Coating gelegt werden. Hier sind die ersten Grundlagen im Rahmen dieser Studie gelegt, jedoch bedarf es der weitergehenden Untersuchung und Optimierung dieser neuen Methode. Insbesondere die Art des Lösungsmittels, des Polymers und der Einsatz von Haftvermittlern bieten erhebliche Variationsmöglichkeiten. Zudem sollte untersucht werden, ob sich der Silberanteil im Toner nicht deutlich erhöhen lässt oder ob sogar die gecoateten Partikel direkt vertonert werden könnten. Dies würde den Silberanteil auf dem Substrat erheblich steigern.

Bei weiterführenden Untersuchungen des Substrates bietet die Optimierung der Oberflächeneigenschaften für den elektrofotografischen Prozess ein vielversprechendes Potenzial. Die gezeigten Erfolge bei der Oberflächenbehandlung legen dies nahe. Weiterhin ist bisher keine grundlegende Anpassung des Substrates an das Silber bzw. an das Druckverfahren erfolgt.

Forschungsbedarf besteht auch bei der Erarbeitung der physikalischen Hintergründe. Während diese Studie einen pragmatischen Zugang zu den Grundlagen des Verfahrens bietet, versprechen eine Untersuchung der theoretischen Hintergründe des Verhaltens von (gecoateten) Silberpartikeln in einem elektrofotografischen System und eine entsprechende Modellbildung Erkenntnisse zu einem tieferen Verständnis der Technologie. Hier kann unter Umständen auf vorhandene Modelle und Simulationen aus dem Bereich des Grafikdrucks aufgebaut werden [Hoffmann 04].

Sollten die erkannten Potenziale umgesetzt werden, bietet die Elektrofotografie eine neuartige digitale und lösungsmittelfreie Technologie zur Ergänzung der bisherigen Möglichkeiten zum Druck von Elektronik. Den Silberpartikeln durch mechanisches Coating die Leitfähigkeit zu nehmen und diese nach dem Druck wieder herzustellen erweist sich als erfolgreicher Ansatz. Hierdurch ist ein erster Schritt zur Nutzung der Methode vollzogen. Die hier vorgestellten Erkenntnissen und Potenzialen bieten eine geeignete Grundlage um die Methode zu einem industriellen Fertigungsprozess weiterzuentwickeln.

8 Literaturverzeichnis

[AL-Rubaiey 01]	AL-Rubaiey, H.; Oittinnen, P.: Transfer Current and Efficiency in Toner Transfer to Paper. Proc. of NIP17, Fort Lauderdale, September/Oktober 2001, S. 648–652
[Aoki 04]	Aoki, H. et al: A Study of Electrophotography Process for Manufacturing Printed Circuit Board. Proc. of NIP 20 and Digital Fabrication 2004, Salt Lake City, Oktober/November 2004, S. 241–245
[Aoki 06]	Aoki, H. et al: Method of Producing Electronic Circuit and Electronic Circuit. United States Patent No US 7,067,398 B2, 2006
[Banerjee 06]	Banerjee, S.; Wimpenny, D.I.: Laser Printing of Polymeric Materials. Solid Freeform Fabrication Symposium, Austin, 2006
[Bartz 05]	Bartz, W; Wippler, E. (Hrsg.): Statische Elektrizität. expert verlag, Renningen, 2005
[Büttner 10]	Büttner, D. et al: Laser Printing of Conductive Silver Lines. Proc. of NIP 26 and Digital Fabrication 2010, Austin, September 2010, S. 139–142
[Büttner 11a]	Büttner, D. et al: Laser Printing of RFID Coils on Ceramic. Proc. 7th CICMT, San Diego, 2011, S. 295–301
[Büttner 11b]	Büttner, D.; Diel, W.; Krüger, K.: Digital Printing of Conductive Silver Lines: Comparison between Inkjet and Laser Printing. Proc. ECerS XII, Stockholm, 2011
[Büttner 11c]	Büttner, D.; Diel, W.; Krüger, K.; Zobrist, B.: Pre-Treatment of Silver Particles as a Basis for Functional Toner. Proc. of NIP 27 and Digital Fabrication 2011, Minneapolis, Oktober 2011, S. 462–465
[Büttner 11d]	Büttner, D. et al: Electrophotographic Printing of RFID Antenna Coils on Cofired and Postfired Ceramics. Journal of Microelectronics and Electronic Packaging, Vol. 8, Nr. 2, 2011, S. 58–65
[Büttner 12]	Büttner, D.; Krüger, K.: Improving Performance of Laser-Printed Conductive Silver Lines. Proc. 8th CICMT, Erfurt, 2012, S. 377–384
[Cibis 09]	Cibis, D.: Inkjet-Druckprozess zur Verarbeitung elektrisch funktioneller Tinten. Dissertation Helmut-Schmidt-Universität Hamburg, 2009
[Currle 10]	Currle, U.: Funktionelle Partikeltinten für den Inkjet-Druck von Mikroelektronischen Strukturen. Dissertation Helmut-Schmidt-Universität Hamburg, 2009
[Daly 86]	Daly, J. H.; Hayward, D.; Pethrick, R. A.: Studies of dielectric constant measurements and tribo-electric charging of pigmented polymer systems. J. Phys. D: Appl. Phys 19, 1986, S. 885–896
[Davis 69]	Davis, D. K.: Charge generation on dielectric surfaces. Brit. J. Appl. Phys., Ser. 4, Vol. 2, 1969, S. 1533–1537
[Diel 09]	Diel, W. et al: Einfluss unterschiedlicher Dielektrika bei der Realisierung von Dickschichtkondensatoren im Tintenstrahldruck. Deutsche IMAPS Konferenz, München Oktober 2009, S. 1–8

[Diel 11] Diel, W.; Büttner, D.; Krüger, K.; Zobrist, B.: Digital Printing of Phosphorescent Particles. Proc. of NIP 27 and Digital Fabrication 2011, Minneapolis, Oktober 2011, S. 466–469

[Dietz 12] Dietz, P.: Insolventer Druckmaschinenhersteller – Manroland wird zerschlagen. URL: http://www.fr-online.de/manroland-in-der-krise/insolven ter-druckmaschinenhersteller-manroland-wird-zerschlagen,2641584,114 72430.html, Frankfurter Rundschau online, 18.01.2012, Abruf am 01.08.2012

[Detig 04] Detig, R. H.: Electrostatic Printing of Functional Toner Materials for Electronic Manufacturing Applications. US Patent Nr. 6,781,612 B1, 2004

[Doctorow 11] Doctorow, C.: The coming war on general computation. Lecture on 28th Chaos Communication Congress, 27.12.2011, URL: http://events.ccc.de/congress/2011/Fahrplan/events/4848.en.html, Abruf am 12.08.2012

[Duignan 03] Duignan, M. T.: Apparatus for Fabrication of Miniature Structures. US Patent Nr. 6,583,381 B1, 2003

[Dukhin 98] Dukhin, A.; Goetz, P.; Hackley, V.: Modified log-normal particle size distribution in acoustic spectroscopy. Colloids and Surfaces A: Physiochemical and Engineering Aspects 138, Bedford Hills, NY, USA, 1998

[Ebisu 95] Ebisu, K.; Kashikawa, T.; Sawatari, N.: A Study on the Tribocharging Behavior for the Two-Component Developers. Proc. of NIP11, Hilton Head, South Carolina, USA, Oktober/November 1995, S. 134–137

[Epping 97] Epping, R. H.; Schuhbeck, K. H.: Small Charge-to-Diameter Measurement Device for Powder Charge. Recent Progress in Toner Technology, Society of Imaging Science and Technology, Springfield, VA, USA, 1997, S. 211–213

[Exakt 07] Exakt Apparatebau GmbH & Co KG: Exakt Bedienungsanleitung Dreiwalzenwerk 80E, Edition 05/2007

[Goldmann 00] Goldmann, G.: Das Druckerbuch. Océ Printing Systems, Poing, Deutschland, 2000

[Goldschmidt 02] Goldschmidt, A.; Streitberger, H.-J.: BASF-Handbuch Lackiertechnik. Vincentz Verlag, Hannover, 2002

[Guay 96] Guay, J. M.; Robinson, J. W.: Unusual Relationships Between Toner Charge and Toner Concentration. Proc. of NIP12, San Antonio, Oktober/November 1996, S. 549–552

[Güttler 10] Güttler, S. et al: Electro Photography ("Laser Printing") an Efficient Technology for Biofabrication. Proc. of NIP 26 and Digital Fabrication 2010, Austin, September 2010, S. 567–570

[Gutman 96] Gutman, E. J.; Hartmann, G. C.: Study of the Conductive Properties of Two-Component Xerographic Developer Materials. Journal of Imaging Science and Technology, Vol. 40, Nr. 4, 1996, S. 334–346

[Gutman 99] Gutman, E. J.; Naumchick, R. S.; Webb, A. M.: Why Does the Tribo Value Appear to be Independent of Toner Concentration in Some Two–Component Electrophotographic Developers? Proc. of NIP 15, Orlando, Oktober 1999, S. 539–543

[Henniker 62]   Henniker, J.: Triboelectricity in Polymers. Nature, Vol. 196, 1962 3, S. 474

[Hirahara 07]   Hirahara et al: System and Method for Making Printed Electronic Circuits Using Electrophotography. US Patent Application Nr. 2007/0234918 A1, 2007

[Hoffmann 04]   Hoffmann, R.: Modeling and Simulation of an Electrostatic Image Transfer. Dissertation Technische Universtität München, 2004

[Hon 08]   Hon, K. K. B.; Li, L.; Hutchings, L. M.: Direct writing technology – Advances and developments. CIRP Annals – Manufacturing Technology 57, 2008, S. 601–620

[Huber 97]   Huber, B. et al: Conductive Development with Extended Developer Life. Proc. of NIP 13, Seattle, November 1997, S. 157–162

[Ishida 97]   Ishida, H.; Hashimoto, Y.; Mizugeuchi, M.: Numerical Analysis of Forces in Magnetic Brush Development by Distinct Element Method. Proc. of NIP 13, Seattle, November 1997, S. 794–798

[ISO 13660]   ISO/IEC 13660: Information technology – Office equipment – Measurement of image quality attributes for hardcopy output – Binary monochrome text and graphic images. September 2001

[Jones 10]   Jones, J. B. et al: Additive Manufacturing by Electrophotography: Challenges and Successes. Proc. of NIP 26 and Digital Fabrication 2010, Austin, September 2010, S. 549–553

[Jones 11a]   Jones, J. B. et al.: Printed Circuit Boards by Selective Deposition and Processing. Proc. of Twenty Second Annual International Solid Freeform Fabrication, Austin, August 2011

[Jones 11b]   Jones, J. B.; Gibbons, G. J.; Wimpenny, D. I.: Transfer Methods toward Additive Manufacturing by Electrophotography. Proc. of NIP 27 and Digital Fabrication 2011, Minneapolis, Oktober 2011, S. 180–184

[Jung 08]   Jung, D.; Schönberger, A.; Hornickel, C.: Developer Unit for an Electrophotographic Printing Device for Printing on Glass or Ceramic Material. Internationales Patent # WO 2008/128648 A1, 2008

[Kamada 01]   Kamada, A.; Kato, I.; Sakai, N.: Circuit Forming Charging Powder and Multilayer Wiring Board Using the Same. US Patent # US 6,2145,508 B1, 2001

[Kipphan 00]   Kipphan, H. (Hrsg.): Handbuch der Printmedien. Springer Verlag, Berlin Heidelberg New York, 2000

[Küttner 98]   Küttner, A.; Epping, R.: Theory and Practice of a Small Toner-Charge-Spectrometer. Proc. of NIP 14, Toronto, Oktober 1998, S. 623–636

[Kydd 98]   Kydd, P. H.; Richard, D. L; Detig, R. H.: Electrostatic Printing of Parmod™ Electrical Conductors. Proc. of NIP 14, Toronto, Oktober 1998, S. 222–225

[Lee 97]   Lee, W.-S.; Takahashi, Y.: Dependence of Triboelectric Charging Characteristics of Two-Component Developers on External Additives. Proc. of NIP 13, Seattle, November 1997, S. 144–148

[Lepahmer 08]   Lepahmer, H.: RFID Design Principles. Artech House, Boston, 2008.

[Lettenbauer 11]　　Lettenbauer, S.: Tschüs, Papier. URL: http://www.spiegel.de/schul spiegel/wissen/0,1518,768599,00.html, SPIEGEL online, 27.07.2011, Abruf am 11.09.2011

[Li 07]　　Li, X.: Ink-Jet Patterning of Functional Materials. Student Paper, Universität Groningen, URL: http://www.rug.nl/zernike/education/top MasterNanoScience/NS190Li.pdf, 2007, Abruf am 10.11.2011

[Lin 08]　　Lin, H.-W.; Hwu, W.-H.; Ger, M.-D.: The dispersion of silver nanoparticles with physical dispersal procedures. Journal of Materials Processing Technology 206, 2008, S. 56–61

[MAHR 07]　　Mahr GmbH: Betriebsanleitung MarSurf WS1. Göttingen, 2007

[Marshall 00]　　Marshall, G. P.: Introduction to Toner Technology. Tutorial at NIP 16, Vancouver, Oktober 2000

[May 97]　　May, J. W., Tombs, T. N.: Electrostatic Toner Transfer Model. Proc. of NIP 13, Seattle, November 1997, S. 71–76

[McCabe 74]　　McCabe, J. M.: Electrographic Carrier Vehicle and Developer Composition. US Patent #3795617, 1974

[Nash 96]　　Nash, R. J.; Muller, R. N.: Development of a Consistent Triboelectric Charging Series Based on Fumed SiO_2 as a Reference Probe Material. Proc. of NIP 12, San Antonio, October/November 1996, S. 505–510

[Nash 01]　　Nash, R. J.; Grande, M. L.; Muller, R. N.: CCA Effects on the Triboelectric Charging Properties of a Two-Component Xerographic
Developer. Proc. of NIP17, Fort Lauderdale, September/Oktober 2001, S. 358–364

[Németh 03]　　Németh, E.: Triboelektrische Auflading von Kunststoffen. Dissertation Technische Universität Bergakademie Freiberg, 2003

[Öchsner 12]　　Öchsner, T.: Arbeitsagenturen schaffen Papier-Akten ab. URL: http://www.sueddeutsche.de/politik/digitalisierung-arbeitsagenturen-schaffen-papier-akten-ab-1.1393397, Süddeutsche.de, 26.06.2012, Abruf am 26.06.2012

[Oittinen 98]　　Oittinen, P. et al: Printing. Buch 13 der Serie "Papermaking Science and Technology", Helsinki 1998

[Otani 99]　　Otani, S.; Matsumoto, Y.; Takeuchi, M.: Charging Mechanism of Polymers with CCA (II). Proc. of NIP 15, Orlando, Oktober 1999, S. 569–572

[Patalong 11]　　Patalong, F.: Die Online-Katastrophe. URL: http://www.spiegel.de/netz welt/web/0,1518,752893,00.html, SPIEGEL online, 30.03.2011, Abruf am 11.09.2011

[Pitt 05]　　Pitt, K. E. G. (Hrsg.): Handbook of Thick Film Technology. 2. Auflage, Electrochemical Publications Ltd, Port Erin, Isle of Man, UK, 2005

[QEA 07]　　Quality Engineering Associates: PIAS™-II Personal Image Analysis System – User's Guide. Quality Engineering Associates, Inc, Revision 1.1, Burlington, MA, USA, 2007

[Reichl 88]　　Reichl, H. (Hrsg.): Hybridintegration. 2. Auflage, Dr. Alfred Hüthig Verlag, Heidelberg, 1988

[Sanz 11]   Sanz, V. et al: Technical Evolution of Ceramic Tile Digital Decoration. Proc. of NIP 27 and Digital Fabrication 2011, Minneapolis, Oktober 2011, S. 532–536

[Schaffert 75] Schaffert, ‚R. M: Electrophotography. The Focal Press, London, New York, 1975

[Schein 92]   Schein, L. B.: Electrophotography and Development Physics. Springer Verlag, Berlin Heidelberg, 1992

[Schott 00]   Fa. Schott Glas; Zimmer, M.: Druckmittel zur Herstellung einer gedruckten Schaltung. Deutsches Gebrauchsmuster Nr. DE 29923604 U 1, 2000

[Schott 01]   Fa. Schott Glas; Zimmer, M.: Verfahren zur Herstellung einer gedruckten Schaltung. Deutsche Patentanmeldung Nr. DE 199 42 054 A 1, 2001

[Shin 08]   Shin, H. et al: Parallel laser printing of nanoparticulate silver thin film patterns for electronics. Applied Physics Letters 92, 233107, 2008

[Shinjo 97]   Shinjo, Y. et al: Study of Tribo-Charging Characteristics between Toner and Carrier. Proc. of NIP 13, Seattle, November 1997, S. 123–127

[Stöcker 11]   Stöcker, C.: Papierliebe ist lebensgefährlich. URL: http://www.spiegel.de/netzwelt/gadgets/0,1518,791158,00.html. SPIEGEL online, 12.10.2011, Abruf am 17.10.2011

[Tombs 10]   Tombs, T. N.; Rimai, D. S.: Method of Producing Electronic Circuit Boards Using Electrophotography. International Patent Application No WO 2010/090631, 2010

[Tse 07]   Tse, M.-K.: PIAS-II – A High-Performance Portable Tool for Print Quality Analysis Anytime, Anywhere. Journal of the Imaging Society of Japan, Tokyo, 2007. URL: http://www.qea.com/upload/files/2007ICJ_PIAS-II_062507.pdf. QEA, Abruf am 22.03.2012

[Ueda 08]   Ueda, K.; Nakamura, I.; Sakurada, K.: Process for Producing Resin-Coated Metal Particles, Resin Coated Metal Particles, and Toner for Forming Circuit. US Patent Application Nr. 2008/0081275 A1, 2008

[Wagner 06]   Wagner, C.; Patwardhan, R.; Jang, B.; Mahinfalah M.: Electrophotographic Direct-Write for Electronics. Proc. of NSTI Nanotech, Boston, Mai 2006, S. 206–209.

[Walker 99]   Walker, A.; Baldwin, D. F.: Initial Investigations into Low-Cost Ultra-Fine Pitch Solder Printing Process Based on Innovative Laser Printing Technology. IEEE Transactions on Electronics Packaging Manufacturing, Vol. 22, Nr. 4, 1999, S. 303–307

[Waßmer 09]   Waßmer, M.; Diel, W.; Krüger, K.: Inkjet Printing of Post-Fired Thick-Film Capacitors. Proc. of 5th International Conference on Ceramic Interconnect and Ceramic Microsystems Technologies, Denver, April 2009, S. 33–38

[Waßmer 11]   Waßmer, M.: Inkjet-Druck passiver elektronischer Dickschichtbauelemente. Dissertation Helmut-Schmidt-Universität Hamburg, 2011

[Watanabe 01] Watanabe, Y. et al: A Numerical Study of High Resolution Latent Image Formation by Laser Beam Exposure. Journal of Imaging Science and Technology, Vol. 45 (6), 2001, S. 579 – 585

[Wiki 11a] Wikipedia: Extrusion (Verfahrenstechnik). URL: http://de.wikipedia.org/wiki/Extrusion_(Verfahrenstechnik), 28.08.2011, Abruf: 06.09.2011

[Wiki 11b] Wikipedia: RFID. URL: http://de.wikipedia.org/wiki/RFID, 31.08.2011, Abruf: 06.09.2011

[Wiki 12] Wikipedia: RFID. URL: http://en.wikipedia.org/wiki/Radio-frequency_identification , 23.06.2012, Abruf: 25.06.2012

[Williams 76] Williams, M. W.: The Dependence of Triboelectric Charging of Polymers on Their Chemical Composition. Journal of Macromolecular Science – Part C,14 (2), 1976, S. 251–265

[Wimpenny 09] Wimpenny, D.; Banerjee, S.; Jones, J.: Laser printed elastomeric parts and their properties. 20th International Solid Freeform Fabrication Symposium, Austin, 2009

[Yamamura 97] Yamamura, T. et al: Dependence of Toner Charging Characteristics on Amount of CCA Addition. Proc. of NIP 13, Seattle, November 1997, S. 187–190

[Yokota 06] Yokota, S.: New Model of Charge Generation and Latent Image Degradation in Single Layer Organic Photoconductor. Journal of Imaging Science and Technology, Vol. 50 (6), 2006, S. 503–508

[Zimmer 00] Zimmer, M. et al: Device for Applying Decors and/or Characters on Glass, Glass Ceramics and Ceramics Products. Internationale Patentanmeldung Nr. WO 00/25182, 2000

9 Anhang

9.1 Sinterprofile

Bei den Sinterprofilen sind die nominale und die reale Temperatur im Sinterofen über die Zeit aufgetragen. Dabei ist zu beachten, dass der genutzte Ofen über keine Kühlung verfügt und somit die Substrate mit einer nicht beeinflussbaren Abkühlrate wieder auf Raumtemperatur abkühlen.

Unterhalb der Darstellung des typischen Temperaturverlaufs sind die wesentlichen Parameter des Profils zusammengefasst.

Profil 1

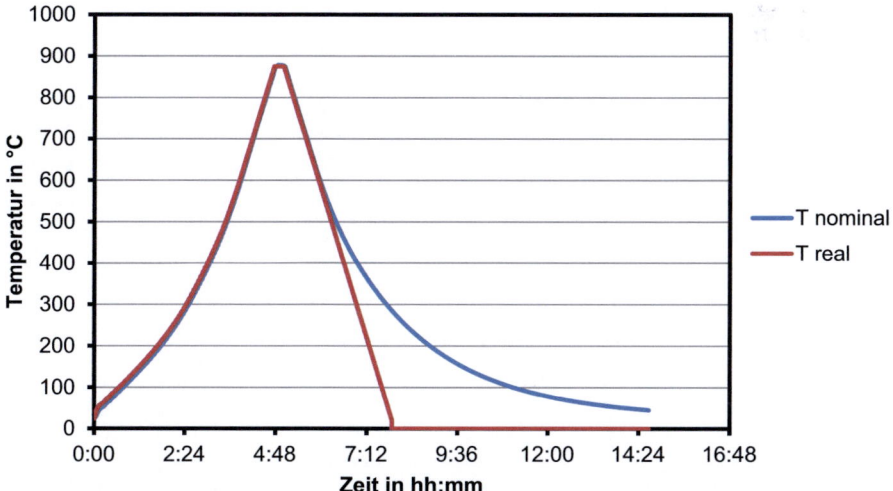

Heizrate	Stufen	Haltezeit	T_{max}	Haltezeit	Abkühlrate
5 °C/min	—	—	875 °C	15 min	5 °C/min

Profil 2

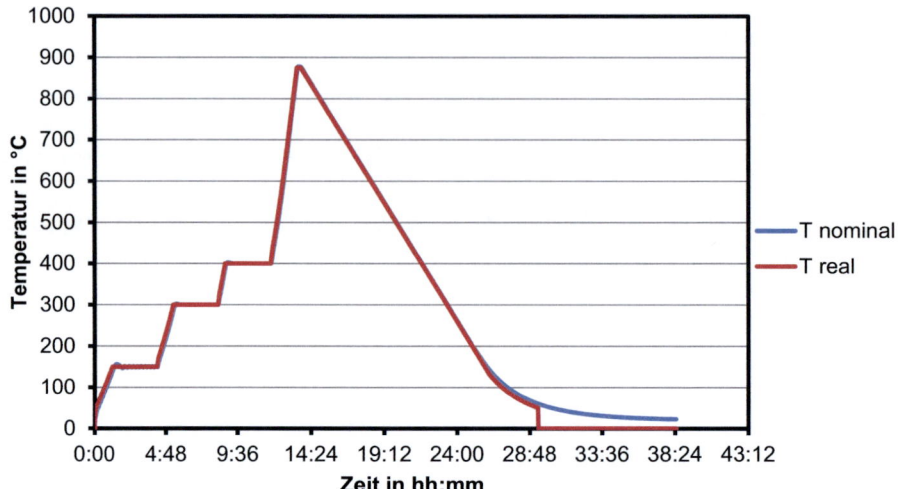

Heizrate	Stufen	Haltezeit	T_{max}	Haltezeit	Abkühlrate
5 °C/min	150, 300, 400 °C	3 h	875 °C	15 min	5 °C/min

Profil 3

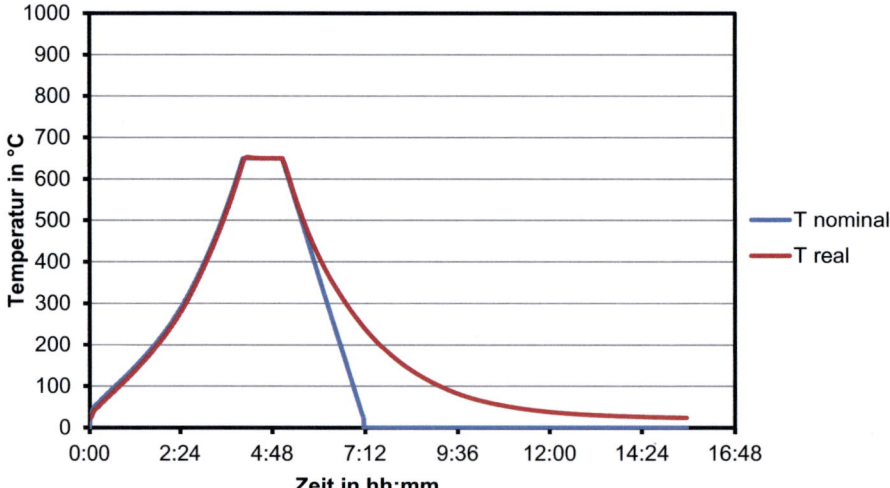

Heizrate	Stufen	Haltezeit	T_{max}	Haltezeit	Abkühlrate
5 °C/min	—	—	650 °C	1 h	5 °C/min

Profil 4

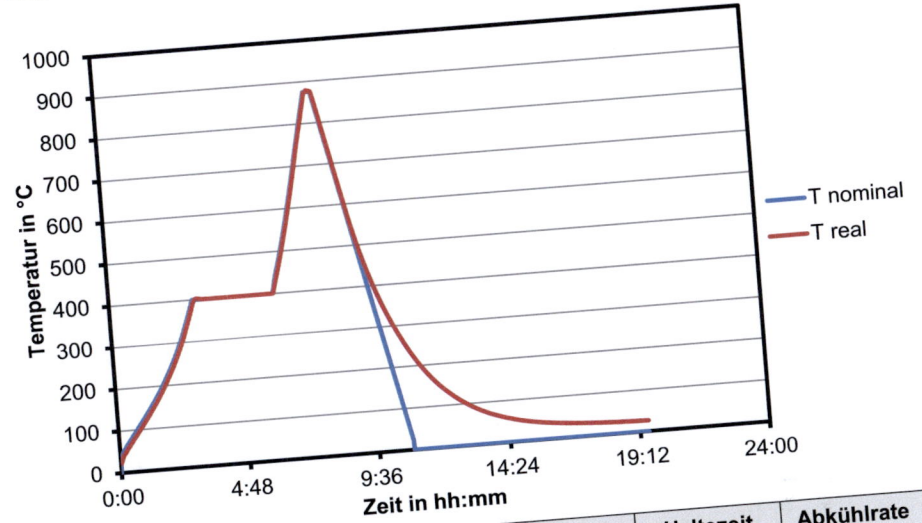

Heizrate	Stufen	Haltezeit	T_{max}	Haltezeit	Abkühlrate
5 °C/min	400 °C	3 h	875 °C	15 min	5 °C/min

Profil 5

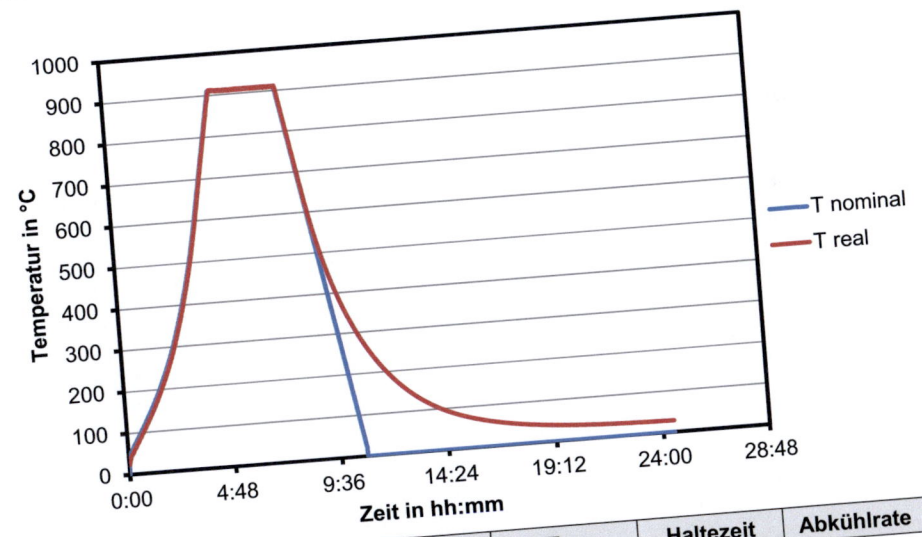

Heizrate	Stufen	Haltezeit	T_{max}	Haltezeit	Abkühlrate
5 °C/min	—	—	910 °C	3 h	5 °C/min

9.2 Veröffentlichungen des Verfassers

Büttner, D.; Krüger, K.; Schönberger, A.; Jung, D.; Zobrist, B.:
Laser Printing of Conductive Silver Lines. Proc. of NIP 26 and Digital Fabrication 2010, Austin, 19.–23. September 2010, S. 139–142

Büttner, D.; Krüger, K.; Zobrist, B.; Schönberger, A.; Jung, D.:
Laser Printing of RFID Coils on Ceramic. Proc. 7th International Conference on Ceramic Interconnect and Ceramic Microsystems Technologies, San Diego, 05.–07. April 2011, S. 295–301

Büttner, D.; Diel, W.; Krüger, K.:
Digital Printing of Conductive Silver Lines: Comparison between Inkjet and Laser Printing. Proc. ECerS XII, Stockholm, 19.–23. Juni 2011

Büttner, D.; Diel, W.; Krüger, K.; Zobrist, B.:
Pre-Treatment of Silver Particles as a Basis for Functional Toner. Proc. Digital Fabrication 2011, Minneapolis, Oktober 2011, S. 462–465

Diel, W.; **Büttner, D.**; Krüger, K.; Zobrist, B.:
Digital Printing of Phosphorescent Particles. Proc. of NIP 27 and Digital Fabrication 2011, Minneapolis, Oktober 2011, S. 466–469

Büttner, D.; Krüger, K.; Zobrist, B.; Schönberger, A.; Jung, D.:
Electrophotographic Printing of RFID Antenna Coils on Cofired and Postfired Ceramics. Journal of Microelectronics and Electronic Packaging, Vol. 8, Nr. 2, 2011, S. 58–65

Büttner, D.; Krüger, K.:
Improving Performance of Laser-Printed Conductive Silver Lines. Proc. 8th International Conference on Ceramic Interconnect and Ceramic Microsystems Technologies, Erfurt, 16.–19. April 2012, S. 377–384